U0610520

水土保持的方法与技术探索

许　刚　著

黑龙江科学技术出版社
HEILONGJIANG SCIENCE AND TECHNOLOGY PRESS

图书在版编目（CIP）数据

水土保持的方法与技术探索 / 许刚著. -- 哈尔滨：
黑龙江科学技术出版社，2024. 7. -- ISBN 978-7-5719
-2450-8

Ⅰ. S157

中国国家版本馆 CIP 数据核字第 2024W4L188 号

水土保持的方法与技术探索

SHUITU BAOCHI DE FANGFA YU JISHU TANSUO

许　刚　著

责任编辑　杨广斌

封面设计　小　溪

出　　版　黑龙江科学技术出版社

地址：哈尔滨市南岗区公安街 70-2 号　　邮编：150007

电话：(0451)53642106　传真：(0451)53642143

网址：www. lkcbs. cn

发　　行　全国新华书店

印　　刷　哈尔滨翰翔印务有限公司

开　　本　787 mm×1092 mm　1/16

印　　张　8.25

字　　数　180 千字

版　　次　2024 年 7 月第 1 版

印　　次　2024 年 7 月第 1 次印刷

书　　号　ISBN 978-7-5719-2450-8

定　　价　58.00 元

前　言

　　水土保持是指通过一系列措施和手段,预防和治理水土流失,保护和改善生态环境,保障经济社会可持续发展的综合性科学技术。随着全球环境变化和人类活动的不断增加,水土流失问题日益严重,已成为当今世界面临的重要环境问题之一。因此,探索水土保持方法与技术,对于保护生态环境、促进可持续发展具有重要意义。

　　本书从水土保持概述入手,对水土保持的措施、水土保持的技术进行系统论述,探索了水土保持的应用实践,并对水土保持方法与技术的创新发展进行探讨。希望通过本书的介绍,能够为读者在水土保持的方法与技术方面提供帮助。

　　在写作过程中,笔者参阅了相关文献资料,在此,谨向其作者深表谢忱。

　　由于水平有限,疏漏和缺点在所难免,希望得到广大读者的批评指正,并衷心希望同行不吝赐教。

许　刚

2024 年 2 月

目　录

第一章　水土保持概述

第一节　水土保持的基本知识

一、水土保持的目的

(一)防止水土流失

水土流失是指土壤在水的冲刷和风的侵蚀下而流失的现象。水土流失对于农田、林地、草地等土地资源的保护和可持续利用至关重要。

防止水土流失能够保护农田。农田是生产食物的重要基地,长期以来,不合理的农业活动导致了大量的水土流失。农田表面的土壤被冲刷后,土壤质量下降,作物生长受到阻碍。因此,采取有效的水土保持措施,如建设梯田、种植防风林等,能够保护农田免受水土流失的侵害,提高土壤质量,增加农作物产量。

防止水土流失对于林地的保护也至关重要。林地是生态系统的重要组成部分,具有保护水源、净化空气、调节气候等重要功能。水土流失会导致林地的破坏和荒漠化的加剧。采取合理的水土保持措施,如增加植被覆盖率、修建水槽等,可以减少水土流失,保护林地的完整性和生态功能。

防止水土流失能够维护草地的生态平衡。草地是自然界中重要的植被类型之一,具有保护土壤、调节气候等功能。然而,水土流失会导致草地土壤侵蚀和植被退化。因此,加强草地水土保持工作,如合理放牧、控制过度开发等,能够减轻水土流失对草地的影响,维护草地的生态平衡。

(二)保护水源

水源是人类社会生存和发展的基础,对于维持生态平衡和可持续发展具有重要意义。在现代工业化和城市化的背景下,水资源的保护变得尤为紧迫。

1.水土保持可以通过减少水土流失来保护水源

水土流失是指土壤中的水分和养分被风雨冲刷而流失的现象。若土壤中的水分流失过多,则会导致地下水蓄积减少,水源补给减缓,进而造成水源的枯竭。因此,采取有效的水土保持措施,如增加植被覆盖率、建设防护林带和挖掘沟渠等,可以减少水土流失,保持土壤中的水分留存,为水源提供稳定的补给。

2.水土保持能够防止水源受到污染

随着工业和农业发展的加速,水污染成了一个严重的环境问题。采取有效的水土保持措施能够减少土壤中的污染物向水体的迁移,从而保护水源的水质。例如,在农田中采取合理的施肥方法和农药使用方法,防止农药和肥料因流失进入水源,可以有效地减少水源受到的农业活动的污染。

3.水土保持能够维护生态系统的完整性,促进水源的可持续利用

水源是一个复杂的生态系统,与周围的自然环境相互作用。当土壤受到破坏时,会影响周围的植物生长和物种多样性,进而影响水源的生态平衡。而水土保持可以通过修复和保护土壤,维持土壤的肥力和生物多样性,促进水源的生态平衡。

(三)促进生态平衡

生态平衡指的是生态系统中各种生物和环境因素之间相互依存、相互制约、相互协调的状态。水土保持措施的实施,旨在维持和恢复自然生态系统的平衡,从而促进生物多样性的保护和生态环境的可持续发展。

水土保持的工作能够减少土壤侵蚀导致的生物多样性丧失。通过采用水土保持措施(如植被恢复、建设梯田等),可以有效减少水土流失,防止土壤中的养分和有机质被冲刷走,同时也减少了对水体的污染。这些措施为各种生物提供了更加稳定和丰富的生境条件,使得生物的繁衍和生长更为顺利。

水土保持工作能够改善生态系统中的水循环状况。水是生态系统中的重要组成部分,它的循环和分布状况对生物的生存和繁衍具有重要的影响。通过保护水源地和增加植被覆盖率等措施,水土保持能够促进土壤中水分的渗透和储存,增加地表和地下水资源的补给,从而保持生态系统中水的充足和平衡。

水土保持工作能够改善生态系统中的气候条件。采取水土保持措施可以有效降低土壤和植被表面的温度,减少蒸发和水分流失,为植被提供更为适宜的生长环境。同时,植被的生长和土壤的保持还可以吸收二氧化碳并释放氧气,这对大气中的温室气体起到了一定的净化作用,有助于缓解全球气候变暖的问题。

二、水土保持的特点

(一)防控性

防控性是指水土保持工程在实施过程中,主要着眼于对水土资源的保护和管理,以预防和控制水土流失的发生。

防控性要求我们采取相应的措施,以阻止水土流失的发生。在农田中,我们可以通过挖掘沟渠和增加植被覆盖率等措施降低径流和侵蚀的发生率。在建筑工程中,我们可以采取防渗、排水和护坡等措施防止土壤的侵蚀和土体的滑动。这些措施旨在从源头上减少水土流失的产生,对水土流失起到了预防的作用。

防控性要求我们建立起一套完善的监测和预警体系,及时发现和处理水土流失的问题。通过对水土资源的监测,我们可以掌握其变化情况,及时采取相应的治理措施,避免土壤的大量流失。同时,建立起水土流失的预警机制,在可能发生水土流失的时候,提前采取措施进行干预,防止灾害的发生。

防控性要求我们加强水土保持的宣传教育和培训工作,提高社会中大众的水土保持意识。只有当社会各界都意识到水土保持的重要性,并积极参与其中,才能形成全社会关注和支持水土保持工作的良好氛围。加强宣传教育和培训工作,可以让更多的人了解水土保持,掌握水土保持的技术知识,有效预防和控制水土流失的发生。

防控性还要求我们持续改进和创新水土保持工程的技术与措施。随着社会的发展和科技的进步,我们应不断探索出更加先进和有效的水土保持技术和方法。通过科学的研究和实践,我们可以优化水土保持工程的设计和施工,提高其防控效果,实现对水土资源的更好保护。

(二)综合性

综合性要求在实施水土保持工程时充分考虑多个因素的综合影响及其相互关系。传统的水土保持方法往往只注重土壤保持或水资源管理等其中的某一方面,而忽视了其他因素的影响。而综合性的水土保持理念能够更好地满足现代社会对可持续发展的需求。

综合性要求在水土保持规划和设计中综合考虑地形、土壤类型、降水情况、植被覆盖及生态因素等多个因素。通过综合分析各项因素的相互关系确定出更科学、更可行的水土保持计划。例如,对于大面积的坡耕地区,可以采取种植阻滞坡带、构建排水系统和建设梯田等多种综合措施,以实现土壤保持、水源涵养和农作物生产的综合效益。

综合性要求在水土保持工程的实施中,各个环节要紧密配合与协调,这意味着方案设计、材料选择、工程施工和监测评估等各个环节都应该相互衔接,形成一个有机的整体。这样才能充分发挥各个环节的协同效应,提高水土保持工程的综合效益。例如,在植被恢复工程中,需要选择适宜的植物品种、合理配置种植密度,并结合合理的土壤改良措施,以实现综合的土壤保持效果和生态恢复效果。

综合性要求水土保持工程与其他相关工程相互衔接,形成一个有机的整体。水土保持工程往往涉及土地利用规划、水资源管理、生态环境保护等方面。通过与这些工程的衔接,可以实现资源的优化配置和互补效益的最大化。例如,在水库工程设计中,可以考虑将水土保持设施纳入工程规划,以发挥水库对流域水资源的调控作用,实现水土保持的综合效益。

综合性要求在在水土保持工程实施过程中,要考虑社会、经济、环境等多方面的影响。只有在充分考虑各个因素的基础上,才能够制定出符合实际情况和可持续发展要求的水土保持策略。例如,在农村土地整治工程中,可以综合考虑农民的意愿、当地的自然条件和社会经济情况,通过开展农民合作社或农业生态旅游等方式,促进农村经济的发展和水土保持的良性循环。

(三)长期性

水土保持的长期性是指水土保持措施在实施后能够长期有效地发挥作用。水土保持的目标是保护和改善土地的质量,防止水土流失和土壤侵蚀,同时实现可持续利用。因此,水土保持工作需要具备长期性,只有这样才能够确保土地的持续利用和生态环境的持续稳定。

水土保持工作的长期性要求选取合适的措施和技术来的保护土壤和水资源。只有选择具有耐久性、稳定性和长期效益的措施,才能够确保水土保持的长期效果。比如,在坡地上进行植被恢复和土壤保护,可以选择耐旱、耐风、耐涝的植被种类,来增加植被的覆盖率,减少土壤的侵蚀。

水土保持工作的长期性要求进行定期监测和评估。通过定期的监测和评估,我们可以了解措施的实际效果和存在的问题,以便及时调整和改进措施,确保其长期有效性。比如,针对某些地区出现的新的水土流失问题,我们可以及时采取措施,如增加植被覆盖率或修建护坡,来长期保持水土保持效果。

水土保持工作的长期性要求我们加强宣传和教育,提高公众的水土保持意识。只有通过教育和宣传,让大家了解水土保持的重要性,并养成良好的环境保护习惯,才能够从根本上保证水土保持工作的长期性。

(四)适应性

水土保持作为一项综合性的工作,具备适应不同地理环境和土地利用方式的特点。适应性是水土保持的重要特征之一,它要求工作者能够根据不同地区、不同土地利用方式的特点,采取相应的措施,以达到最佳的保护效果。

水土保持的适应性表现在其灵活性和多样性上。在不同地区,由于地形、土壤条件、降雨等环境因素的差异,水土保持措施需要因地制宜,切实符合实际情况。例如,在山区,由于地势陡峭、土壤脆弱,采取防护林等措施可以有效减少水土流失;而在平原地区,可以采取合理排水和控制农业面源污染的措施来保护土壤。

水土保持的适应性还表现在与其他领域的综合性结合上。水土保持工作需要与农业、林业、环境保护等领域密切配合,形成协同效应。例如,在农业领域,合理的耕作措施和轮作制度可以减少土壤的侵蚀和养分流失;在林业领域,适当的造林和退耕还林等措施可以增加植被覆盖率,从而减少水土流失。这些综合性措施的采取,使得水土保持工作能够更好地适应不同领域的需求。

三、水土保持的范围及作用

(一)水土保持的范围

水土保持作为一项重要的环保措施,其范围广泛。它涵盖了农业、林业、工业等各个领域,并扩展至城市建设、土地开发等相关领域。

1.农业领域

农业生产中的水土流失问题严重影响土地质量和农作物产量。由于农业活动的频繁进行,土地容易裸露,遭受风蚀和水蚀的风险增大。因此,水土保持措施在农田中的应用至关重要。例如,通过修建沟渠、增加植被覆盖率等防护措施,可以减少土壤侵蚀,保持土壤的肥力和结构稳定性,同时促进农作物生长,提高农田的生产力。

2.林业领域

森林覆盖率的提高能够显著减少水土流失,并改善生态环境。通过植树造林、森林管理和防火等措施,可以增加植被覆盖率,保护土壤和水资源。同时,森林还能够改善气候,调节水文循环,防止洪水和干旱等自然灾害的发生,为人类提供良好的生态环境。

3.工业领域

工业区域通常存在大量的裸露地表和土壤污染问题,如果不采取有效的水土保持措施,就会导致严重的水土流失和环境污染。通过建设防护设施、处理和回收沉积物,能够最大限度地减少工业生产对土壤和水资源的破坏,保护当地的自然环境和生态系统。

(二)水土保持作用

1.水土保持对土壤的作用

水土保持可以减缓土壤侵蚀的速度,提高土壤的保持能力。土壤是农业生产的基础,但由于水力、风力和重力等因素的作用,土壤往往容易受到侵蚀。采取有效的水土保持的措施,能够降低水流、风力等对土壤的侵蚀力度,减缓土壤流失的速度,合理地利用土地和增加植被覆盖率能大大提高土壤的保持能力,进而维护土壤的肥力和结构。

水土保持能增强土壤的保水能力,提高土壤的含水量。水对土壤的保水能力起着至关重要的作用,尤其是在干旱、半干旱地区。采取水土保持的措施,如建设沟渠、恢复植被等,可以提高土壤的透水性和保水性,增加土壤的含水量,使土壤能够更好地储存和利用水资源,从而满足植物的生长需求,维持农作物的良好生长状态。

水土保持可以改善土壤的通气性和排水性。土壤的通气性和排水性对于植物的生长至关重要,但在一些潮湿地区或盆地地区,土壤的积水和通气不良等容易导致土壤的氧气供应不足或根系缺氧。我们可以通过制止水流、增加土壤孔隙度等方式,从而改善土壤的通气性和排水性,使土壤中的氧气供应充足,以利于植物根系的正常生长和作物的高产稳产。

水土保持能够减轻土壤污染,提高土壤质量。土壤是自然界中重要的非可再生资源,但当前土壤污染日益严重,给农业生产和生态环境带来了严重的影响。水土保持措施的实施可以有效减少农药、化肥、重金属等污染物的流失和渗透,保护土壤质量,降低土壤污染的风险。同时,水土保持还可以降低土壤侵蚀速度,减少农田土壤中的农药、化肥等物质的流失,保护农业生态系统和人类健康。

2.水土保持对水资源的作用

水资源是人类生存和发展的基础,同时也是生物生态系统的重要组成部分。水土保持作为一种重要的环境保护措施,对水资源的保护和合理利用具有显著的作用。

通过采取水土保持措施,可以减少土壤侵蚀,防止水土流失,从而减少水体中的泥沙含量。泥沙是水资源中的污染源之一,对水体的透明度、水质和生态系统的健康产生不利影响。通过合理的水土保持措施,如开垦梯田、植被覆盖、沟槽排水等,可以减少土壤侵蚀,防止泥沙进入水体,保持水体清澈透明。

水土保持对水资源的作用体现在提高水源涵养能力方面。水源的涵养是指将降水通过保持土壤墒情和增加地下水的补给来补充地表水。水土保持工程可以通过建设雨水集水区、拦截降水和增加土壤持水能力来提高水源涵养能力。这样,不仅可以增加地下水的补给量,保持地表水的水量稳定,还能提高水资源的可持续利用能力。

水土保持措施对水体中的营养物质的控制也具有重要意义。水体中过多的营养物质,如氮、磷等,会引发藻类过度生长,导致水体富营养化。通过采取水土保持措施,可以防止土壤中的养分流失,从而减少水体中的营养物质输入,控制水体富营养化的发生。这对于维护水体生态系统的平衡、保护水生态环境的健康至关重要。

3.水土保持对生态环境的作用

水土保持在维护生态环境的稳定和促进可持续发展方面发挥着重要作用。水土保持可以减少水土流失,防止水土流失现象对生态环境的破坏。水土流失不仅会带走大量的土壤,还会将含有农业化肥、农药等有害物质的土壤一同冲入水体,对水质造成污染,影响水生态系统的健康发展。采取有效的水土保持措施,如修建护坡、增加植被覆盖率等,可以有效地减少水土流失的发生,降低土壤侵蚀对生态环境的负面影响。

水土保持可以改善生态环境的水循环,保障地下水和河流水的供应。水是生态环境的重要组成部分,而水土流失会破坏水的循环体系。采取合理的水土保持措施,可以降低降水过程中的径流速度,促进水的渗透和储存,增加土壤的含水量,从而提高地下水的补给量。水土保持能够保持河流的稳定,避免河道淤积和泥沙过载对生态环境造成的影响,促进生态系统的均衡发展。

水土保持对于生态环境的保护和恢复也具有重要意义。开展合理的土地利用规划和生态修复工作,有助于恢复受损的生态系统,为各类生物提供适宜的栖息环境,加强生物种类的保护。同时,采取水土保持措施,还可以改善土壤质量,提供有利于植物生长的土壤条件,促进植物繁衍和提高生态系统的自我调节,实现生态环境的持续发展。

第二节 水土流失的原因和机制

一、水土流失的原因

(一)水土流失的自然因素

1.气候因素

气候因素直接影响着水土流失的发生和发展过程。降水是水土流失的主要驱动力之一,降水的多少和分布对水土流失具有决定性的影响。在降水充沛的地区,降雨量大、强度大,往往会引起土壤表层的剧烈冲刷,从而加剧水土流失。然而,在降水较为稀缺的地区,干旱和缺水也会加剧水土流失的发生。由于干旱地区土壤的含水量较低,土壤的黏结力变弱,形成的土壤骨架变得不稳定,易被侵蚀,增加了水土流失的风险。

气温对水土流失的影响主要体现在其对土壤水分的蒸发蒸腾作用上。气温的升高会加速土壤中水分的蒸发,降低土壤的含水量。当土壤中的含水量不足时,土壤黏结力减弱,土壤孔隙率增加,从而导致土壤颗粒松散和流失的增加。高温还会导致植物蒸腾作用增加,加速土壤水分的流失和蒸发,进一步加剧水土流失。

风速也是影响水土流失的气候因素之一。风对于水土流失具有较强的风蚀作用。风速的增大会导致土壤表面的风蚀增加。当风速较大时,风会带走土壤表面的颗粒物和溅射物,形成风沙和飞扬沙尘。这些飞扬物质会被风力带到远离原地的地方,引起水土流失。

气候的季节性变化会对水土流失产生一定的影响。不同季节的降水量和降水分布情况差异较大,这会导致水土流失的季节性变化。例如,在雨季,由于降雨量大且强度大,土壤表层会受到冲刷,水土流失的程度较为严重;而在旱季,由于降水量小,土壤表层的剥蚀作用相对减弱,水土流失的程度相对较低。

2. 地质因素

地质构造对水土流失起着决定性的作用。地质构造主要包括山地、平原、丘陵等地貌形态。在山区,地形起伏大,坡度陡峭,土壤容易被雨水冲刷,容易形成沟壑。而在平原地区,地势相对平缓,水流速度较慢,土壤侵蚀的程度相对较低。因此,山地地区容易发生水土流失。

地质构造中的岩性对水土流失的影响十分显著。不同的岩性具有不同的侵蚀性能。例如,页岩、砂岩等软岩质地质条件下的土壤容易被侵蚀,会加速水土流失的发生;而花岗岩、石灰岩等坚硬的岩石具有较强的抗侵蚀能力,相对减缓了水土流失的速度。

地质构造中的断裂、节理等构造破碎也对水土流失有重要影响。断裂、节理是岩石内部的裂隙或裂缝,会导致水的渗透性增强,加速土壤的侵蚀和淋溶过程。这些构造破碎还有助于增强土壤的蓄水能力,较快地形成中小流域的水土流失现象。

3. 土壤因素

(1)土壤质地

土壤含有不同颗粒大小的颗粒状物质,包括砂、粉砂、黏土等。不同质地的土壤对水的渗透性和持水能力不同。

砂质土壤具有较大的颗粒,通透性强,水分渗透速度快。这种土壤质地容易发生水力侵蚀,尤其在降水量较大时,水在土壤中流动迅速,导致土壤被快速冲刷走,从而加剧水土流失。

粉砂质土壤的颗粒较小,但仍然具有一定的通透性。与砂质土壤相比,粉砂质土壤的保水能力较强。当水分过多时,粉砂质土壤容易形成水渍,进而降低土壤的稳定性,增加水土流失的风险。

黏土质土壤的颗粒最小,紧密排列,非常容易发生水渍现象。由于黏土质土壤的持水性强,一旦发生水渍,很难将其排除,导致土壤湿度过大,土壤稳定性降低,土壤颗粒易于被水流冲蚀。

(2)土壤结构

土壤结构指的是土壤由颗粒状物质组成的方式和排列方式。土壤结构对水分的渗透和滞留有着较大影响。

块状结构的土壤通透性较好,能够快速使水分透过。这种结构有利于水分的渗透,减少了水分在土壤表面积聚的可能性,降低了水力侵蚀的风险。片状结构的土壤颗粒有层状排列的特点。这种结构在干旱季节具有较好的保水能力,但在湿润季节则容易形成水渍,增加了水土流失的风险。颗粒状结构的土壤具有较小的聚集体,水分渗透性较差。这种结构的土壤容易导致水分在表层积聚,在雨水冲刷下更容易发生侵蚀,导致水土流失的程度加剧。

因此,合理调整土壤的结构既能提高土壤的渗透性,又能增加土壤的稳定性,对于减少水土流失具有重要作用。

(3)土壤有机质含量

土壤有机质对土壤的保水性、结构和肥力具有重要影响。土壤中的有机质含量越高,土壤的保水性越好。有机质能够吸附并保持大量水分,使土壤具有更好的持水能力,减少水分的流失。

土壤中的有机质可以提高土壤的结构稳定性。有机质的存在能够促进土壤结构的形成,增强土壤颗粒之间的吸附力和黏合力,使土壤更加稳定,对侵蚀的抵抗能力增强。

有机质含量高的土壤通常具有更好的肥力。有机质包含丰富的养分,能够提供植物生长所需的养分,促进植物生长,进而降低水土流失的风险。因此,合理增加土壤中的有机质含量,不仅可以提高土壤的持水能力和结构稳定性,还能改善土壤肥力,有效减少水土流失的发生。

4.植被因素

(1)植被覆盖率对水土流失的影响

植被覆盖率是指土地表面被植被所覆盖的程度。植被的存在对于防止水土流失具有重要的作用。植被可以通过根系将土壤固定在地面上,减少水流对土壤的冲刷。植被根系的强大力量可以有效抵抗降水引发的土壤侵蚀,使得土壤得以保持在原位,减少水土流失发生的可能性。植被的茂密程度会影响雨对土壤的冲击力度。茂密的植被可以减缓雨滴的冲击,降低降雨对土壤的破坏性。因此,植被覆盖率的增加将有助于减少水土流失的发生。

（2）植被类型对水土流失的影响

不同类型的植被对水土流失的影响也存在差异。常见的植被类型包括草地、森林和农田等。草地植被由于具有丰富的根系和茂密的地下部分，可以有效地抵御水流的侵蚀。草地根系可以牢固地将土壤固定在地表，防止水流的搬运。相比之下，森林植被在防止水土流失方面的效果更佳。森林植被的根系更发达，可以更好地保持土壤的完整性，减少水流对土壤的冲刷。此外，森林植被的枝叶密集，可以有效地缓冲降雨对土壤的冲击。而农田植被的茂密程度较低，根系相对较弱，容易被水流冲刷。因此，在农田地区水土流失的风险较大。

（3）植被管理对水土流失的影响

植被管理是指通过人为手段对植被进行种植、修剪、保护等，以减少水土流失的发生。植被管理包括但不限于合理的植栽设计、科学的植被修剪和保护、植被覆盖率的维护等。合理的植栽设计是指选择适应当地气候条件的植物，促进植被的生长和发展。科学的植被修剪和保护可以控制植被的生长，并保持植被的茂密程度。维护植被覆盖率的稳定对于减少水土流失至关重要。通过植被管理，植被的适应性和抗冲蚀能力大大提高，降低了水土流失的风险。

（二）水土流失的人为因素

1. 农业活动

农业活动涉及土地的开垦和利用，如果不合理进行，就会引发严重的水土流失问题。

（1）大规模耕地开垦

为了扩大农田面积和提高产量，农民常常采取过度开垦土地的方式，这导致了土壤的裸露，使其容易受到水力和风力侵蚀。水力侵蚀主要来自降雨过程中土壤表面的径流和土壤颗粒的冲刷，而风力侵蚀则是由于裸露的土壤表面容易被风吹走。因此，农业活动中过度开垦土地不仅会减少农田的可耕地面积，还会加剧水土流失。

（2）不合理耕作方式

传统的耕作方式容易破坏土壤的结构和抗侵蚀能力，使土壤变得松散和易于流失。特别是在陡坡地区，耕作方式不当更容易导致水土流失的加剧。因此，农业活动中应该采用合理的耕作方式，如保护性耕作、梯田耕作等，以降低水土流失的风险。

（3）化肥和农药的使用

农业活动与化肥和农药的使用有密切关系，这也是导致水土流失的重要因素。农民常常过度使用化肥和农药，使这些化学物质在土壤中积累，破坏土壤的生态环境。化肥的使用会导致土壤酸化和养分的不平衡，而农药的使用则会破坏土壤微生物环境的生态平衡，进一步影响土壤的质量和稳定性。这些因素都会加剧水土流失，因此，在农业活动中应该采用合理的施肥和农药使用方式，以减少对土壤的负面影响。

2. 城市化进程

随着城市化的加速推进，土地利用方式发生了巨大变化，给水土资源带来了严重的破坏。城市的扩张导致了大量农田和自然植被的消失，土地被用于建设道路、房屋和工厂等设施。这种土地利用的转变使得原本固定植被覆盖的土地变得裸露，暴露在雨水和风力的侵蚀之下，加大了水土流失的风险。

城市化进程中的工业和城市排放物也严重污染了土壤和水资源，加剧了水土流失。大量工厂和城市生活的排放物、垃圾和废水等被直接排放到土地和水体中，导致土壤质量下降、水质恶化。污染土壤和水体不仅破坏了生态系统的平衡，也加快了水土流失。

城市化进程引发了人口密集、土地压力大的问题。为了满足城市快速发展的需求，大量农田被用于建设房屋和基础设施，这导致了农田面积的减少和土地的集中利用。农田利用方式的转变对土壤和水资源造成了一定的冲击，容易导致水土流失的发生。

3. 工业污染

随着工业化进程的加快和工业生产规模的不断扩大，工业污染的影响也日益凸显。工业活动会产生大量废气、废水和废渣，其中的有害化学物质和重金属元素会对土壤产生直接的破坏和污染。这种污染一方面削弱了土壤的保水能力和固结性，导致土壤的风蚀和水蚀敏感性增加，加速了水土流失；另一方面，污染物会进入地下水和河流，对水环境造成污染，进而影响水流对土壤的冲刷和侵蚀，加剧水土流失。

工业污染对水土资源的破坏主要体现在三个方面。第一，工业生产过程中排放的废水会直接进入土壤中，造成地下水污染。这不仅导致了土壤的水分含量增加,使土壤质地变得松散易于侵蚀,还破坏了土壤中的微生物环境和有机质,降低了土壤的肥力和保水能力。第二,排放的废气会通过大气降水的形式回到地面,使土壤表层遭受酸雨腐蚀。这种腐蚀作用会降低土壤的 pH 值,导致土壤酸化,使土壤中的有效养分流失,使土壤易于被侵蚀。第三,废渣的堆放会占据大量的土地资源,使原本肥沃的土地失去耕种价值。同时,废渣中的有害物质会通过风力和水力等途径,进一步加剧土壤的侵蚀。

水土资源是农业发展的生命线,也是人类生存和社会经济持续发展的基础。工业污染对于水土资源的危害是不可忽视的。为了减少水土流失,应采取一系列的措施来控制工业污染。第一,要增强工业企业的环境保护意识,提高其废物排放标准,减少有害物质的排放。第二,要加强对工业废水和废气的治理和处理,防止其对土壤和水体造成污染。最后,还应加强对废渣的管理和处置,避免其对土地资源的占用和破坏。只有通过科学合理的管理,才能切实减少工业污染对水土资源的危害,为水土保持提供更好的保障。

4.气候变化

在当前全球变暖的背景下,其对环境和生态系统的影响日益凸显。气候变化引起的温度上升、降雨模式改变等因素,直接影响了水土流失的程度和规模。下面将从降雨变化和温度升高两个方面讨论气候变化对水土流失造成的影响。

（1）降雨变化

随着全球气候变暖,降雨的分布和强度出现了明显变化。一方面,极端降雨事件的频率增加,导致土壤的冲刷和侵蚀加剧。这些极端降雨事件往往以短时间内大量降雨的形式出现,土壤无法有效吸收和保持,容易被冲刷走,从而加剧了水土流失。另一方面,降雨的季节性变化也对水土流失具有重要影响。例如,降雨季节的提前或者延后,会影响植被的生长和覆盖率,进而影响土壤的保持能力。季节性降雨偏离正常模式会导致植被覆盖不足,进一步提高水土流失的风险。

（2）温度升高

气候变化导致的温度上升会改变土壤的物理、化学特性,从而影响其稳定性和保持性。温度上升会导致土壤的干燥和水分蒸发加快,减少土壤中的含水量,使土壤更加易于被风蚀和水蚀。温度升高还会影响植物生长的适宜范围和季节性变化,进而改变植被覆盖对土壤的保持作用。温度升高会导致植被凋零或适宜生长范围变窄时,土壤裸露的情况将增加,土壤会更容易受到水力和风力的侵蚀。

二、水土流失的机制

(一)水土流失的水力侵蚀机制

1.雨滴冲击侵蚀

雨滴冲击侵蚀是指雨滴撞击地表,产生冲刷作用,导致土壤颗粒溶解、破碎和流失的过程。雨滴冲击侵蚀是水土流失的自然因素之一,其作用与各种因素密切相关。

(1)雨滴的能量

雨滴的能量与其直径、速度和撞击角度有关。通常情况下,雨滴直径越大、速度越高、撞击角度越陡峭,其能量就越大,从而引起的冲刷作用也更为强烈。因此,在研究雨滴冲击侵蚀时,需要考虑不同雨滴直径和降雨强度对冲刷效果的影响。

(2)土壤的物理性质

不同物理性质的土壤在雨滴冲击下的破碎程度和流失程度可能存在显著差异。比如,相对于黏土,具有较大颗粒的土壤更容易受到冲刷,因为大颗粒土壤在雨滴撞击下容易破碎。土壤含水率和黏聚力对雨滴冲击侵蚀也有一定作用。含水率较高的土壤相对于干燥的土壤更容易因雨滴冲击而产生流失。

2.表面径流侵蚀

当降雨量超过土壤的渗透能力时,水分不再渗入土壤,而形成了表面水流。这些表面水流会因地势和土壤的特性而形成不同的径流路径,并具有一定的流速和冲击力。表面径流的形成和流动会引起土壤的侵蚀,进而导致水土流失的加剧。

表面径流侵蚀的过程可以简要描述为以下几个阶段。在降雨开始时,雨水会迅速润湿土壤表面并形成水膜。随着降雨的持续,水膜会逐渐加厚并形成流动的水体。这时,水流会按照地表的坡度和地形特征,沿着最陡峭的路径迅速流动,形成越来越大的流量。

表面径流的流速和冲击力对土壤的侵蚀具有重要影响。流速较高的表面水流能够更有效地抬起和拖动颗粒状的土壤,导致土壤的侵蚀加剧。水流则能够直接击打土壤表面,使土壤颗粒迅速松散,并引起土壤的流失。随着流量的增大和流速的提高,表面径流的侵蚀作用也会随之增强。

表面径流侵蚀的程度受到多种因素的影响。其中,降雨强度、降雨量和土壤类型是影响表面径流侵蚀的重要因素。较大的降雨强度和降雨量会增加表面水流量和流速,加剧土壤的侵蚀。土壤类型的差异也会影响表面径流侵蚀的程度,比如,黏土质的土壤容易形成水系,有利于表面水流的形成和流动。

为了减轻表面径流侵蚀的影响,采取一系列的水土保持措施是必要的。例如,在农田中设置梯田、沟壑和堤坝等结构措施,能够有效地降低表面水流的流速和冲击力,减轻土壤的侵蚀程度。此外,还可以采取植被覆盖、保持而不开垦土地等生态措施,以增加土壤的覆盖度和稳定性,减少表面水流的冲击。

3.沟壑侵蚀

沟壑侵蚀是水土流失中一种重要的水力侵蚀机制。通常,当表面水流的能量超过了土壤的抵抗能力时,就会产生沟壑。

沟壑的形成源于不同区域降雨对土壤的冲击力。降雨冲击力越大,形成的沟壑越深,侵蚀作用越强。雨滴冲击会使土壤表面的颗粒散开,并形成微小的凹坑。而重复的雨滴碰撞,会逐渐增加这些凹坑的深度和尺寸,最终使其发展成小型沟壑。

当雨水通过沟壑向下流动时,会携带土壤颗粒、碎屑和溶解物质,进一步加快沟壑的发展。大量的水流冲刷沟槽,使其变得更宽、更紧,同时还会侵蚀沟槽的侧壁。随着时间的推移,沟壑的规模逐渐扩大,对土壤资源的破坏也变得越来越严重。

沟壑侵蚀不仅会造成土壤的流失,还会导致地表径流的加剧和洪涝灾害的发生。因为沟壑直接将水流引入更深层次的地下水系统,导致水资源的浪费和污染。此外,随着沟壑的形成和扩大,它们也会影响农田的利用和农作物的生长。沟壑的存在使得土地变得不规则和崎岖,给农业生产带来了很多困难。

为了有效控制沟壑侵蚀,需要采取一系列的治理措施。第一,可以建立有效的排水系统来减少地表径流的产生。第二,应根据地形和降雨量等因素,在沟壑的上游种植适宜的植被,以增强土壤的保持力。第三,可以采用工程手段,如修建护坡和封堵沟壑等,以防止沟壑的进一步发展和扩大。

4.泥石流侵蚀

泥石流是一种严重的水力侵蚀现象,其特点是流量巨大和冲击力强烈。泥石流的形成和发展受多种因素的影响,包括地形、降水量、植被覆盖状况等。泥石流在陡峭的山坡上形成,并经由河流、溪流等水道迅速流动,对经过的土地和地表造成极大破坏。

泥石流的侵蚀作用主要表现在物理侵蚀和化学侵蚀两个方面。

在物理侵蚀方面,泥石流通过其巨大的流量和冲击力,能够将地表的土壤和岩石颗粒迅速冲刷走,导致土壤流失,并使岩石裸露。这种物理侵蚀作用给周围环境造成了极大的破坏,导致土壤丧失保持力,进一步促进了泥石流的形成。

在化学侵蚀方面,泥石流中的水、土壤中的氧气与酸性物质反应,加速了土壤的风化和溶解,尤其是在泥石流经过时,水中的溶解氧和二氧化碳不断与土壤中的矿物质发生反应,加剧了土壤的侵蚀。这些化学侵蚀作用进一步破坏了土壤的结构和质地,使土壤丧失了其原有的肥力和保持水分的能力。

泥石流对环境产生的巨大冲击不仅仅体现在对地表的直接物理破坏上,它还对水域生态系统、土地利用和生态平衡造成了长期的影响。泥石流带来的大量泥沙会导致水道淤积,影响水的正常流动和水质。同时,泥石流还会带来大量的悬浮物和有机物质,对水生生物的生存环境造成威胁。此外,泥石流还会破坏农田和城市建设用地,给人们的生活和经济带来巨大的损失。

为了减轻泥石流的侵蚀作用,我们必须采取一系列的防治措施。第一,对于泥石流易发区域,可以进行植被的人工恢复和加固工程,增强地表的保持能力;第二,加强对水沙资源的综合利用,减少泥石流对水资源造成的浪费;第三,根据不同区域的特点,合理规划利用土地,减少人为因素对泥石流灾害的影响。这些措施的综合应用,可以最大限度地减少泥石流对人类和自然环境的破坏。

(二)水土流失的风力侵蚀机制与重力侵蚀机制

1. 风力侵蚀的过程与机制

风力侵蚀的过程和机制对于研究和防治水土流失具有重要意义。风力侵蚀的过程可分为悬浮颗粒的扬起与运动、物质的沉降和堆积两个主要阶段。

风通过对地表水分蒸发以及气温梯度的影响,使得地表土壤水分减少,表层变得干燥。地表的碎屑物质在风力的作用下逐渐疏松,形成了易受风力侵蚀的条件。

当风力达到一定强度时,它能够将土壤表层的细小颗粒扬起,引起悬浮沉降运动。这是风力侵蚀的关键阶段,悬浮颗粒受风力推动而上升,形成飞沙,随后在一定高度上停止上升,开始水平运动。水平运动的悬浮颗粒会与周围的土壤颗粒发生碰撞,产生摩擦,进而改变方向和速度。

随着风力的减弱,悬浮颗粒逐渐沉降。这个阶段是风力侵蚀的结束阶段,悬浮颗粒受到重力作用而下落,沉降到地表或者被其他物体拦截。地表上的悬浮颗粒在沉降过程中会与地表上的固体颗粒聚集在一起,形成风蚀遗址。

风力侵蚀不仅可以通过直接扬起和运动沉降来影响土壤的侵蚀过程,还可以通过带走和沉积的方式改变土地表面的形态。风蚀遗址在风力侵蚀的过程中逐渐形成,它们可以通过沉积颗粒改变土地质量和地貌。

2. 重力侵蚀的过程与机制

在重力侵蚀的过程中,重力作为主导力量,推动着土壤和岩石下滑、滚落和坍塌,即地球的重力场使得土壤和岩石具有向下运动的趋势。当地表的坡度较大时,重力对土壤和岩石的作用更明显,促使它们以不同形式向下运动。在这个过程中,重力侵蚀产生的形态主要有滑坡、崩塌和泥石流等。

滑坡是重力侵蚀的一种常见形态,当土壤和岩石的内摩擦力无法抵抗外部引力时,会发生整体向下滑动的现象。滑坡通常发生在坡度陡峭的地区,是由水土流失造成的土壤结构破坏和固结性差引起的。滑坡的形成加剧了水土流失,使土壤和岩石以更快的速度流失,进而加快了土地退化的进程。

崩塌是重力侵蚀的另一种形态。在这个过程中,土壤和岩石内部结构的破坏和水土流失引起的强度减小,无法承受外部的重力作用而发生破坏性的倾倒现象。崩塌不仅会造成土地面积的损失,还会对附近的水资源和生态环境造成严重威胁。

除了滑坡和崩塌,泥石流也是重力侵蚀的重要现象之一。泥石流是由降雨等因素引起的水土流失所产生的高速流动的混合物,具有较强的冲刷能力。其形成过程中,重力推动水土混合物沿着坡度下滑,损失的土壤和岩石以及附带物被泥石流带到下方的河流或者水体,造成严重的冲刷和堆积。

在重力侵蚀的过程中,还有一些因素相互作用,加剧了侵蚀。降雨引起的水流冲刷和流失加快了土壤和岩石的下滑与崩塌速度。此外,人为因素(如土地利用的不当和开采活动的不合理)也会加剧重力侵蚀的程度。

第三节　水土保持的理论基础

一、水文学理论基础

(一)水文循环理论

水文循环涉及水的蓄存、流动和消耗过程。水文循环理论主要包括降水过程、蒸发蒸腾过程以及径流过程等。

1.降水是水文循环的起点

降水是指大气中水蒸气以形成液态的方式从大气中释放并下降到地表。降水是水循环的主要水源之一,它的多少和分布对水土保持至关重要。降水一般以年降水量、季节降水量和降水强度等指标进行描述。

2.蒸发和蒸腾是水文循环

蒸发是指水从地表和水体表面转化为水蒸气的过程,而蒸腾则是植物体和土壤表面水分蒸发的过程。蒸发蒸腾是地球上水分转移的重要途径,它会影响到地表水的供应和土壤的湿度。蒸发蒸腾因环境条件、土壤类型和植被覆盖等因素的不同而有所差异。

3.径流

径流是指降水过程中,不能被土壤蓄存或蒸发的部分直接流入地表水体的过程。径流的形成受到诸多因素的影响,包括土壤质地、坡度和降水量等。研究径流过程可以为水土保持提供重要的理论依据,因为对径流的控制和管理可以有效降低水土流失和水灾风险。

在水文循环理论的基础上,研究人员通过实地调查和数学建模不断提高了对水文循环过程的认识。例如,通过水文模型对降水量、蒸发蒸腾和径流之间的关系进行了量化。这些模型可以揭示水文循环的动态变化,为水土保持和水资源管理提供科学依据。

(二)河流动力学理论

在水文学领域中,河流动力学理论主要关注河流中的流体运动和水动力学特性,以及与河流形态变化之间的关系。河流动力学理论从宏观和微观两个角度来研究河流的运动规律,并通过分析各种因素对河流的影响来预测和解释河流行为的变化。

河流动力学理论强调了水在河道中的流动特性。水在河道中的流动可以被描述为一种复杂的水动力学过程。其中,液体的黏性、密度、流速和流体之间的相互作用等因素都会影响水的流动行为。通过对这些因素的研究,我们可以深入了解河流的流速、湍流强度以及水流的方向等关键特性。这将帮助我们更好地理解河流的水力特性,并预测河道的形态变化。

河流动力学理论关注河流的泥沙输移过程。泥沙对河床和河岸的形态变化起着关键作用。河流动力学理论的研究重点之一就是分析泥沙的输移规律及其与河道形态之间的相互作用。通过对泥沙粒径、浓度、输运速率等参数的研究,我们可以预测泥沙的沉降、河岸侵蚀和河床淤积的情况。这对于河流管理和水土保持具有重要意义。

河流动力学理论研究了河流的波浪、湍流和水流动力等。波浪是由风力或其他外力引起的水面的起伏运动,通过分析波浪的特性可以评估河流对外界扰动的响应。湍流是指水流中的紊乱流动,它会影响河流的输运和混合过程。在河流动力学理论中,研究湍流特性可以帮助我们理解河流的能量耗散、流向分布以及混合效应等。水流动力则包括水流的压力、速度分布以及水流的稳定性等方面的研究,这对于评估河流的稳定性和水力潜能具有重要意义。

(三)地下水运动理论

地下水是指自然界中存在于地下的水体,它是地下水资源的重要组成部分。地下水运动是指地下水在地下水系中的流动过程,它受到多种因素的影响,如地形、地质构造、水文气象条件等。下面介绍地下水运动的相关理论基础。

在地下水运动的研究中,一个重要的概念是渗透性。渗透性是指土壤或岩石对水分渗透的能力,它决定了地下水在地下介质中的传导速度。渗透性的大小与介质孔隙度和孔隙连通度有关,一般来说,孔隙度越大、孔隙连通度越好的介质渗透性越高。

地下水运动的驱动力主要来源于地表水的补给。地表水的补给包括降雨、融雪、河流、湖泊等。地下水在地下水系中通过多种运动方式进行传导,其中包括渗流、溶蚀、滞流等。

不同地质条件下的地下水运动表现出不同的特征。例如,在含水层分层不均匀的地区,地下水的运动路径会因层序的不同而发生改变;而在构造断裂带附近,地下水可能会发生集聚和喷涌现象。

对于地下水运动研究对地下水资源的开发与利用具有重要意义。通过研究地下水运动理论,我们可以更好地了解地下水的分布、流动特征,从而为地下水资源的合理开发与利用提供依据。同时,研究地下水运动理论还可以为水土保持工程的设计与规划提供理论支持。

二、土壤学理论基础

(一)土壤的形成

土壤是由各种不同成分组成的复杂体系,主要包括矿物质、有机质、水分、空气和生物组织等。土壤是在物理、化学、生物等多种因素的相互作用下而形成的。在土壤形成过程中,岩石经历了风化、侵蚀、沉积以及有机质的分解和转化等一系列变化,形成了具有一定性质和特征的土壤层。

土壤形成的作用过程通常可分为物理、化学和生物作用三个方面。物理作用主要包括风化、冻融作用、水热膨胀和收缩等;化学作用主要涉及岩石的溶解、水解、氧化还原等反应;生物作用则是指植物和微生物的活动对土壤形成的影响。三者共同作用于土壤的形成与发展。

(二)土壤物理性质理论

土壤物理性质主要涉及土壤的结构、质地、密实度和孔隙度等方面,对于水分的渗入和储存、空气的通透和循环以及植物根系的生长等具有重要的作用。

1.土壤的结构

土壤结构是指土壤粒子的排列和连接状态。它直接影响土壤的孔隙度和通透性,从而影响到水分和空气在土壤中的运动和交换。通过调控土壤结构,可以改善土壤的水分保持能力和空气透气性,从而提高土壤的抗侵蚀能力。

2.土壤的质地

土壤质地是指土壤中不同粒径颗粒的相对比例。土壤质地不同,土壤的保水性能和透气性能也不同。例如,黏土含量较高的土壤具有较强的保水能力,但同时会导致土壤的透气性较差。因此,合理调整土壤的质地,平衡土壤的保水和透气性能,可以提升土壤的水土保持能力。

3.土壤的密实度和孔隙度

密实度指的是土壤颗粒之间的接触紧密程度,孔隙度则是指土壤中孔隙空间的占据率。适当的密实度和合理的孔隙度会使土壤具有较好的通透性和储水性。过高或过低的密实度都会导致土壤的透水性差和保水能力下降,增加土壤侵蚀的风险。因此,通过调整土壤的密实度和孔隙度,可以有效改善土壤的水土保持能力。

(三)土壤侵蚀过程理论

土壤侵蚀是指土壤表层被水流、风力、冰雪作用等自然力和人类活动所剥蚀的过程。这一过程的研究对水资源的保护、农田生产和生态环境的维护具有重要意义。

土壤侵蚀过程理论主要涉及土壤侵蚀的机理、规律以及影响因素等方面。土壤侵蚀的机理是指土壤表层被水流、风力等力量冲刷、剥夺的过程。在水流冲刷作用下,土壤表层的颗粒和有机质易被冲刷走;而风力剥夺作用则主要表现为风载颗粒物的运移和堆积。土壤侵蚀规律的研究揭示了不同区域、不同土地利用方式下土壤侵蚀的特点和演变趋势。通过对山地、平地、河岸等不同地形地貌条件下的土壤侵蚀过程进行观察和实验研究,可以明确不同地区土壤侵蚀的规律和趋势,为土地管理和环境保护提供科学依据。影响土壤侵蚀的因素是多种多样的,包括降水量、坡度、土壤类型等。这些因素相互作用共同决定了土壤侵蚀的程度和速率。

针对土壤侵蚀,许多研究者提出了相应的解决方案和措施。例如,在农业生产中,采用合理的耕作措施,如梯田种植等,可以有效减轻水流冲刷的影响;在城市建设中,合理规划建设用地、合理分配绿地和水体等,可以降低土地表面的水流速度,减少土壤侵蚀。此外,合理地增加植被覆盖率也是防止土壤侵蚀的关键措施之一,通过引入适宜的植物和植被恢复工程,可以增加土壤表面的覆盖物,减缓水流速度,提高土壤的保持能力。

三、生态学理论基础

(一)生态系统结构与功能理论

生态系统是由生物和非生物组成的复杂网络,不仅包含物质循环和能量流动过程,还包括各种相互作用和相互依赖的关系。生态系统结构与功能理论研究生态系统中不同组成部分之间的关系及其对整个生态系统的影响。

生物组成主要指生物多样性,也就是物种的数量和类型。例如,森林生态系统中,树木、草本植物、灌木和地表生物等各种植物构成了丰富多样的植物群落。同时还有各种动物群落,如鸟类、兽类和昆虫等。植物和动物的相互作用与关系构成了生态系统的基本结构。

非生物组成则包括土壤、水体、大气等。土壤是生态系统中重要的非生物组成部分,对于植物的生长和养分提供起着关键的作用。水体则是生态系统中水的流动和循环的载体,水的供应和质量对生态系统的功能具有重要影响。大气则提供了生态系统所需的气候条件。

生态系统的功能包括物质循环、能量流动和生态服务等。物质循环是生态系统中物质元素的转化和传递过程,如碳、氮、磷等元素在植物、动物和土壤之间的循环。能量流动则是生态系统中能量从一个组成部分转移到另一个组成部分的过程,如光合作用中太阳能转化为植物可利用的化学能。生态服务是指生态系统为人类提供的各种产品和服务,如食物、水源、气候调节和自然景观等。

生态系统的结构和功能相互影响,相互作用。生物组成的多样性和丰富度会影响生态系统的稳定性和抵御干扰的能力。物质的循环和能量的流动则决定了生态系统的运行方式和功能。

在实际应用中,生态系统结构与功能理论可以为生态保育和防治环境污染提供科学依据。例如,在保护生物多样性方面,通过研究不同物种和它们之间的相互作用,可以制订出有效的保护计划;在环境管理中,通过分析生态系统的物质循环和能量流动,可以评估和监测环境质量,采取适当的管理措施。

(二)生态位理论

生态位理论用来描述一个物种在生态系统中所占据的特定地位及其与其他

物种的相互作用。生态位理论是根据物种的资源利用和品种的适应性来刻画其生态角色和在生态系统中的位置的。

在生态位理论中,物种的生态位是指其在资源利用上的特性和适应性。每个物种在生态系统中都有自己的资源需求和生存方式。通过适应环境和选择特定的资源利用策略,物种能够在生态系统中找到自己的生态位。不同物种的生态位有各自的特点,这些差异决定了物种之间的相互作用和竞争关系。

物种之间的生态位差异是维持生态系统稳定性的重要因素之一。在一个生态系统中,物种之间的生态位有一定的重叠,但也存在一定程度的差异。这种差异使得不同物种能够在资源利用和生存空间上彼此区分开来,从而减少竞争压力。例如,在一个森林生态系统中,树木和鸟类的生态位差异使得它们能够共存。树木通过光合作用获取能量,而鸟类通过吃果实或昆虫来获取能量,它们在资源利用上有明显的差异,减少了彼此之间的竞争。

用生态位理论可以解释物种的竞争和适应性进化。当两个物种的生态位重叠度较高时,它们之间的竞争将加剧。为了避免竞争失败,物种会通过调整资源利用策略、改变繁殖方式等来适应环境。这种适应性进化可以使物种保持竞争优势,从而在生态系统中占据更稳定的生态位。

生态位理论在生态学研究中具有重要的应用价值。通过研究物种的生态位特征,我们可以了解物种在生态系统中的分布、相互作用和适应能力。这有助于我们深入理解生态系统的结构和功能,并为保护和管理生物多样性提供科学依据。

(三)物种多样性理论

物种多样性描述了一个生态系统中物种的数量和种类的多样程度。在生态学中,物种多样性理论不仅关注着生物多样性本身的价值,更关注着其在维持和促进生态系统功能方面的作用。

在物种多样性理论中,有物种丰富度、物种均匀度和物种多样性指数等概念。物种丰富度指的是一个生态系统中物种的数量,它反映了一个生态系统的物种的总体状况。一个生态系统中物种丰富度越高,代表着该生态系统越具有多样性。物种均匀度则描述了不同物种在某个生态系统中分布的均匀程度,它反映了各个物种在该生态系统中的重要性。物种多样性指数则综合了物种丰富度和物种均匀度,它通过精确的计算和比较,能更准确地揭示出一个生态系统中物种多样性的程度。

物种多样性理论对生态系统的保护和管理具有重要意义。研究表明,物种多样性对生态系统的功能稳定起着关键作用。物种多样性丰富的生态系统,能够更好地适应外界环境的变化,并且能够对外界干扰做出更好的应对。物种多样性的丧失会导致生态系统的脆弱性增加,不仅会影响生物的生存和繁衍,还会影响生态系统的恢复和稳定。

在实际应用中,物种多样性理论不仅能够帮助我们了解生态系统的演变和变化规律,还能够指导我们采取合理的生态恢复和保护措施。例如,在进行生态恢复工作时,我们可以通过增加物种丰富度和提高物种均匀度来增强生态系统的稳定性。同时,对于一些高度灵敏的生态系统,我们可以通过避免物种多样性的丧失来降低生态系统的脆弱性。因此,物种多样性理论对于保持和改善生态系统的功能都具有重要的意义。

(四)生态恢复理论

生态恢复理论是研究生态系统受到破坏之后如何进行恢复和重建的理论。它的核心思想是通过人为干预和管理,促进受损生态系统的自然恢复,以达到恢复生态系统结构和功能的目标。生态恢复理论的发展源于人们对环境保护和可持续发展的追求,旨在对自然资源的损害进行修复和补偿。

生态恢复的关键在于重建受损的生态系统,使其能够重新建立起正常的生态过程和功能。在生态恢复的过程中,需要考虑诸多因素,包括但不限于土壤质量、物种多样性、植被覆盖、水文条件等。通过科学的技术手段,生态学家和环境科学家致力于找到最有效的生态恢复策略,以最大程度地促进受损生态系统的恢复和改善。

生态恢复理论的一个重要方面是生物多样性的维护。生物多样性对维持生态系统的结构和功能具有重要作用。生态恢复的目标之一就是恢复生物多样性,以保护和维持生态系统的稳定性和健康性。在生态恢复中,需要采取措施促进适宜的物种组成并增加物种数量,提高物种多样性指数,从而增强生态系统的稳定性和抵抗力。

生态恢复理论强调了生态系统结构与功能的重建。生态系统结构包括植被、土壤、水文等方面的特征,而功能则涉及物质循环、能量流动、生物相互作用等生态过程。生态恢复需要针对具体的生态系统,采用合适的措施,重建受损的结构,以实现生态系统的正常运行和自我调节。

四、环境科学理论基础

(一)环境污染物迁移转化理论

研究环境污染物迁移转化过程,必须考虑到污染物的物理、化学和生物行为。物理行为包括溶解、扩散、沉积等过程,化学行为包括污染物的降解、转化、转移等过程,而生物行为则涉及生物吸附、生物转化、生物积累等过程。这些行为相互作用,共同决定了污染物在环境介质中的分布和迁移转化规律。

环境污染物的迁移转化受到多种因素的影响。其中,环境介质的特性是至关重要的因素之一。不同的环境介质(如土壤、水体、大气等)具有不同的物理和化学性质,这些性质直接影响污染物的吸附、反应和扩散等过程。另外,环境因素(如温度、湿度、水流速度等)和生物因素(如微生物活动、植物吸收等)也会对污染物的迁移转化产生重要影响。

研究环境污染物的迁移转化过程也受时间和空间因素的影响。时间尺度上,污染物的迁移转化会随着时间的推移而发生变化,如降解速率的变化、迁移距离的增加等。空间尺度上,不同的研究区域具有不同的地理和环境背景,这导致污染物的迁移转化规律在不同地域上可能存在差异。

通过建立适当的数学模型,可以对环境污染物的迁移转化过程进行模拟和预测。数学模型能够基于物理、化学和生物等行为规律,揭示污染物的分布、转移途径和迁移速率等规律。这不仅可以为环境污染物的源解析提供依据,还可以为环境风险评估和污染物治理提供科学支持。

(二)生态环境评价理论

生态环境评价理论是对特定地区的生态环境状况进行综合评价,以揭示生态系统的功能状态、环境问题和潜在风险,为环境保护和可持续发展提供科学依据。

生态环境评价理论包括生态系统评价、环境质量评价和生态风险评估三个主要方面。生态系统评价主要研究生态系统的结构、功能和服务,通过评估生物多样性、能量流动、物质循环等指标,揭示生态系统的健康程度和稳定性。环境质量评价则着重于对环境质量的综合评价,包括水质评价、空气质量评价、土壤质量评价等,通过测定各种环境要素的浓度、污染物的含量等指标,评估环境的净化能力和质量状况。而生态风险评估则是通过对潜在的环境风险源、环境敏感区域和生态系统脆弱性的评估,预测可能产生的生态风险和影响,为环境管理和决策提供参考。

目前,生态环境评价理论已经得到了广泛应用,并逐渐形成了一套完善的评价指标体系和评估方法。例如,可以通过测定水体中溶解氧含量、富营养化程度、重金属的浓度等指标来评估水质状况;通过采集土壤样品,测定有机质含量、土壤酸碱度、土壤腐殖质水解酶活性等指标来评估土壤质量;通过监测植物群落结构、生物多样性指数等来评估生态系统的健康程度。

学术界对于生态环境评价理论仍存在一些挑战和争议。评价指标的选择和权重确定是一个关键问题,不同的评价指标体系可能导致不同的评价结果。评价方法的可行性和准确性也需要研究者进一步研究。例如,在生态系统评价中,如何合理选择采样点位、采集样品以及测量分析方法是需要探索的问题。

(三)环境治理与修复理论

通过采取有效的环境治理与修复措施,可以有效降低环境污染物的浓度,恢复生态系统的动态平衡,改善土壤质量,实现可持续发展的目标。

环境治理与修复需要基于科学、准确的污染物迁移转化理论。污染物在环境中的传输与迁移受到土壤、水体、大气等多种因素的影响。通过深入研究污染物的迁移规律和转化机制,可以为环境治理与修复提供理论指导。例如,可以通过模拟计算和实地调查,确定污染物的迁移路径和扩散规律,以采取相应的治理策略。

生态环境评价理论也是环境治理与修复的重要依据。生态环境评价可以对环境质量进行全面、科学的评估,从而为治理和修复提供科学决策支持。通过生态环境评价可以确定环境质量状况,评估污染程度和潜在危害,明确治理和修复的重点和方向。因此,在环境治理与修复实践中,必须充分运用生态环境评价理论进行全面准确的评估工作。

在环境治理与修复中要借鉴环境科学理论的相关成果。借助环境科学理论,我们可以形成对环境问题的深入认识和解决思路,为环境治理与修复提供科学的方法和技术支持。例如,利用环境生物技术、环境化学技术等,可以有效地修复受污染的土壤和水体,恢复其自然功能和生态平衡。

第二章　水土保持的措施

第一节　水土保持的工程措施

一、山坡防护工程

(一)山坡防护工程的原理

山坡防护是水土保持的重要措施之一,指的是采取一系列工程手段来保护山坡,防止土壤侵蚀和山体滑坡等地质灾害的发生。山坡防护工程的原理主要包括坡面覆盖、综合治理和生态恢复三个方面。

1.坡面覆盖

利用植被、草坪、覆土和石料等材料,将山坡表面进行覆盖,形成一层保护膜,有效防止水流冲刷和风蚀。坡面覆盖可以降低土壤侵蚀速度,提升土壤的保水能力,提高山坡的稳定性。

2.综合治理

通过采取不同的措施,如建立梯田、植树造林、修筑沟渠等,综合处理山坡上的问题,防止水土流失和土壤侵蚀。综合治理可以改善环境条件,提高土壤的肥力,促进植被生长,进而增强山坡的抗风、抗水侵蚀能力。

3.生态恢复

通过恢复和保护自然生态系统,维护生物多样性,增加山坡的生态功能。生态恢复可以提高土壤质量,增强山坡的土壤团粒稳定性,减少土壤侵蚀。同时,生态恢复还能够改善山坡的景观质量,提升生态环境的整体效益。

(二)山坡防护工程的设计

山坡防护工程的设计是保证工程能够有效防止山坡发生滑坡、塌方等灾害,保障土壤和水资源合理利用的关键环节。山坡防护工程设计的目的是设计出符合山坡特性和土壤水文条件的防护设施,提高山坡的稳定性和抗冲刷能力,减少水土流失。

山坡防护工程的设计者必须考虑山坡的倾斜程度、土壤类型和结构,以及地形和气候等因素。通过对山体的详细勘察和工程地质分析,了解山坡的稳定性和潜在风险,为设计提供准确的依据。

设计人员需要根据勘察和分析结果,选择合适的防护措施。常见的防护措施包括植被覆盖、护坡墙、固地桩和防冲水沟等。对于不同的山坡条件和地形特点,我们需要采取不同的防护方式。例如,在陡峭的山坡上,可以采用固定地桩来增强山坡的稳定性;在长期暴雨频发的地区,需要设置合理的防冲水沟来引导和排泄降水。

在设计过程中,设计者需要考虑防护工程的可行性和经济性。对于大规模的山坡防护工程,设计人员需要权衡项目的成本和效益,选择最合适的解决方案。同时,要考虑到防护工程的维护和管理问题,确保工程能够持久地发挥作用。

设计人员要制订详细的施工方案和实施计划,并提供完整的设计图纸和技术规范。这些文件将指导施工人员进行正确的施工操作,避免出现工程出现质量问题。

(三)山坡防护工程的施工方法

山坡防护工程旨在减少土壤侵蚀、防止山体滑坡,保护土地资源和生态环境。为了实现有效的山坡防护,合理的施工方法是至关重要的。

其一,选择合适的工程材料。常用的材料包括钢筋混凝土、石块、混凝土格栅等。这些材料具有耐久性、抗震性和抗腐蚀性,能够确保工程的长期稳定性。

其二,施工过程中需要考虑到山坡的地质条件和水文特性。根据山坡的倾斜度和土壤类型,确定合适的坡面处理措施。对于陡峭的山坡,可以采用切割和护坡的方式来增强坡面的稳定性。应根据山坡的坡度和降雨情况,设计合理的排水系统,确保雨水能够及时排出,避免积聚造成滑坡风险。

其三,确定施工方法时需要考虑土壤的固结和加固。在山坡防护工程中,常用的固结方法包括振动加固和固结桩。振动加固可以增加土体的稠密程度,提高土壤的承载能力。而固结桩则能够通过深入土壤层,增强土壤的抗滑能力,防止山坡滑坡的发生。在选择固结方法时,需要根据山坡的具体情况和土壤特性进行合理的技术选型。

其四,做好施工过程中的监测和维护工作。通过安装监测设施及时了解山坡的变形和水文变化情况,可以判断工程的稳定性,一旦发现问题能够及时采取相应的维护措施,确保山坡防护工程长期有效。

二、山沟治理工程

(一)山沟治理工程的原理

山沟治理工程的原理是针对山地地形和水土问题,通过采取一系列的工程措施来有效控制水土流失,保护山区环境。在山沟治理工程中,主要考虑以下几个方面的原理。

一是通过改变山沟本身的形态和地貌特征来减少水土流失。这是指通过对山沟的截流、导流和排水进行综合治理来改变山沟的横截面形状和纵向坡度,降低水流速度,减少水土冲刷和侵蚀。合理的山沟疏导和梯田建设,将陡坡改造成缓坡,可以减少坡面径流对土壤的冲刷和侵蚀,实现水土保持的效果。

二是通过植被的恢复和保护来稳定土壤,减少水土流失。植被对于山地环境的保护和水土保持具有重要的作用。在山沟治理工程中,要注重选择适宜的植被种类,并采取相应的植被保护措施,如植被覆盖、造林、草皮铺设等。恢复和保护植被,可以增强土壤的抗冲刷和抗侵蚀能力,减少土壤流失,保护山区生态环境。

三中需要考虑水资源的利用和管理。在山地地区,水资源是十分宝贵的,必须合理利用。在山沟治理工程中要充分考虑水资源的获取、存储和利用问题,通过建设小型蓄水用水工程,实现水的合理利用和管理。小型蓄水用水工程可以解决山区的灌溉用水和生活用水问题,提高水资源利用效率,同时减少山区的径流和土壤侵蚀。

(二)山沟治理工程的设计

在设计过程中,需要考虑到山沟的特点、治理目标以及环境保护等因素,以确保工程的可行性和可持续性。

在设计过程中,设计人员需要对山沟的地形、地貌特征进行详细的调查和分析。通过野外实地考察和各种测量手段,获取山沟的宽度、深度、坡度等数据,以及土壤类型、植被分布等信息。这些数据和信息将为后续的工程设计提供重要依据。

在设计过程中,设计人员应根据山沟的治理目标确定相应的治理方式和措施。根据不同的山沟特点,可采用不同的工程手段,如修筑沟岸防护墙、设置护坡、开挖沟槽等。同时,也需要考虑到地质条件和水文条件,确保设计方案的安全可行。

在设计过程中,设计人员需要充分考虑环境保护和生态恢复。山沟治理工程可能会对周围的土地、水体、生物等产生一定的影响,因此需要采取相应的保护措施,避免对环境造成不可逆转的损害。例如,在设计中可以合理利用植被,增强植被的保护作用,减少水土流失。

在设计过程中,设计人员需要充分考虑工程的可持续性。设计人员应结合当地的资源状况和社会经济发展水平,合理规划工程的投资和运营维护成本,并在设计阶段就考虑到后期的管理和维护工作,确保工程的长期效益。

(三)山沟治理工程的施工方法

1.施工前的准备工作

在山沟治理工程施工之前,必须做好充分的准备工作。这包括现场勘察与设计,要对山沟的地形、土壤、水文等情况进行详细了解和分析,以确定合适的治理措施与方案;相关人员要确定施工计划与明确施工安排,明确工程的起止时间、人员的配备,以及所需的施工材料与设备等,为后续施工做好充分准备。

2.施工过程中的土方开挖与填筑

在山沟治理工程的施工过程中,土方开挖与填筑是重要的工作环节。根据治理方案,需要将山沟中积累的杂草、碎石、树木等清理出来,并对山沟的横断面进行整治与修复。在施工过程中,还需要进行土方填筑,以恢复山沟的原有地貌,并增强坡面的稳定性。

3.施工过程中的护坡与排水系统的建设

为了防止山坡的坡面水土流失,在在施工过程中需要进行护坡施工。这包括植被覆盖、建立护坡结构等,以提高坡面的稳定性与保水能力。同时,还需要建设排水系统,包括沟渠的开挖与疏浚,确保山沟中的水能顺利排泄,减少淤积与冲刷。

4.施工后的监测与维护

山沟治理工程的施工并不是一次性完工的,而是需要持续的监测与维护。施工结束后,需要进行工程质量的监测与评估,确保工程达到预期效果。同时,还需要进行巡查与维护,以便及时发现问题,并进行及时修复与处理,保障山沟治理工程的长期稳定运行。

三、山洪排导工程

(一)山洪排导工程的原理

山洪排导工程用于有效减轻山洪对人类生命财产和自然环境造成的灾害。它的原理是通过合理的工程设计和措施,对山洪的水量和能量进行引导并使其分散,以减少其对下游地区的冲击。

在山洪排导工程的设计中,需要考虑山洪水量和来水速度。通过对流域面积、降雨特征以及地形地貌等因素的调查和分析,可以初步确定山洪的水量。然后,利用流量公式和降雨洪水关系曲线等方法,计算出山洪的来水速度。这将为设计工程的排洪能力提供依据。

在山洪排导工程的施工中,需要合理选择排洪渠道和堤坝的形式与位置。因为山洪水量巨大,排洪渠道必须具有足够的容积和流速才能有效地将山洪引导出来。为了避免山洪溃决造成新的灾害,必须合理安排排洪渠道的堤坝位置和高度,并采取加固措施,以确保工程的稳定性和安全性。

在山洪排导工程中需要考虑排洪渠道的纵、横坡,以及横向排洪能力和纵向排洪能力的匹配。纵向排洪能力必须与山洪的水量和速度相适应,以保证水流能够顺利地通过整个排洪渠道。在横向排洪方面则需要考虑渠道横断面的形状和坡度,以防止水流在排洪渠道中形成积水或瞬时暴涨,从而导致工程被破坏。

(二)山洪排导工程的设计

在进行山洪排导工程的设计时,需要全面考虑地形地貌、降雨特点、水文条件等因素,以确保工程的有效性和可持续性。

在进行山洪排导工程的设计时,设计人员应该对所在地区的地势、地貌进行详细的调查和分析。了解地区的斜坡倾向、坡度、沟谷分布情况等,有助于确定工程设计的基本框架和方向。

在进行山洪排导工程的设计时,设计人员需要根据降雨特点进行合理的设计。通过分析历史降雨数据、降雨频率等,确定山洪排导工程的抗洪标准和设计方案。设计人员还需要考虑降雨径流的时间和空间分布特点,以便确定工程的水量控制和排放能力。

在进行山洪排导工程的设计时,应该充分考虑当地的水文条件,并结合工程所处位置的地下水位、地表径流情况等因素进行分析。这有助于合理确定山洪排导工程的大小、形状和布局。

在进行山洪排导工程的设计时,设计人员需考虑工程的可持续性。在设计过程中,应该注重生态保护和环境友好性,避免对生态系统造成不可逆转的破坏。同时,还应该考虑工程的运维成本和效益,确保工程能够长期运行并产生实际的防洪效果。

在山洪排导工程的设计过程中,应该采用先进的技术手段,如数字地形模型(DTM)和水文模型等。运用这些工具可以更准确地模拟洪水过程,评估工程的抗洪能力,并进行设计方案的优化。

(三)山洪排导工程的施工方法

在山洪排导工程施工前期,应进行详细的勘察和测量工作,采集施工地段的地形、土质、水文等关键参数信息。这对后续施工方案的制定和材料选用具有重要意义。在勘察的基础上,制定详细的施工方案,包括施工工艺流程、所需人员和设备等。

在山洪排导工程施工时,需要进行必要的准备工作,如清理施工现场、搭建临时设施等;并对施工所需的材料和设备进行储备和安排,确保施工过程的连续性和高效性。

准备工作做好后,接下来是具体的施工过程。第一步是地面开挖。根据设计方案,按照一定的施工顺序和层次进行地面的开挖和平整处理。开挖的深度和范围应当符合设计要求,并结合实际情况进行适当的调整。第二步是土石方填筑。根据设计要求,将开挖出的土石方材料进行运输和填筑。应注意控制填筑的厚度和坡度,确保填筑体的稳定性和排水性。

在山洪排导工程施工时,还应采取必要的加固和固结措施。例如,在填筑较高的堤防时,可以采取加设格框结构来增强其稳定性。同时,在填筑的不同层次和位置设置合适的排水设施,保证排水的畅通。

在山洪排导工程施工完成后,应对工程进行全面的检查和测试,确保工程质量和效果符合设计要求。对于一些关键部位和关键设备,还可以进行额外的监测和评估。只有验收合格后,工程方可投入正常使用。

四、小型蓄水用水工程

(一)小型蓄水用水工程的原理

小型蓄水用水工程是通过合理设计和构建水体蓄水系统,实现对水资源的有效利用和管理。在蓄水用水工程中,主要应用了以下几种原理。

1.水量调控原理

小型蓄水用水工程的设计目的之一是调控水量的供给,并在需求期间持续稳定地进行供应。通过收集、储存和分配水资源,小型蓄水用水工程能够满足周围地区的农业、工业和生活用水需求。在设计过程中,需要考虑当地的水资源情况、不同季节的降水量以及用水需求的变化,合理安排水量的调配,确保有效供水。

2.水质改善原理

在小型蓄水用水工程中可以通过抑制泥沙和污染物的传输来改善水体的质量。在工程建设中,设置拦河坝、截留设备等结构,能够有效阻拦并沉积悬浮物以及减少水中的污染物含量,提高水体的清洁度和安全性。此外,水体的蓄积还可以起到稀释污染物浓度的作用,降低水资源的污染程度,为水环境保护提供有力的支持。

3.水生态平衡原理

在小型蓄水用水工程的建设中要兼顾水生态环境的保护和恢复。通过合理的水位管理和蓄水量调整,能够创造适宜的生态环境,为水生态系统的运行提供良好的条件。蓄水用水工程可以在需要保护的时候提供水源补给,同时在需要放水时通过排水设施实现,进一步维护生态平衡。

4.经济效益原理

小型蓄水用水工程不仅对水资源管理和环境保护具有重要意义,还对地区经济的发展起到积极的促进作用。通过合理设计和施工,水资源的利用效率将得到提高,不仅能够满足当地农业灌溉、城市供水等需求,增加农田产量,改善生产条件,还能带动当地经济的发展。

(二)小型蓄水用水工程的设计

小型蓄水用水工程的设计目标是在保护水土资源的基础上,实现有效的水资源管理和利用。下面详细介绍小型蓄水用水工程的设计要点。

第一,设计人员需要充分了解工程所在地的水文地质条件,包括降雨量、径流特性、地表和地下水的分布状况等。这些信息将为工程设计提供重要的基础数据,并对蓄水量和蓄水方式的选择起到指导作用。

第二,设计人员需要确定工程的蓄水容量。在确定蓄水容量时应根据降雨情况、土地利用状况等因素综合考虑,从而确保工程能够满足当地的用水需求,并在极端情况下起到调蓄和防洪的作用。

第三,在设计过程中,需要进行水量平衡计算。水量平衡计算是为了确定工程的水源和水量来源。包括各种补给途径(如降雨、地下水补给等)和水量利用(如灌溉、直饮水等)的计算,并确保工程在长期运行中能够保持良好的水量平衡。

第四,在小型蓄水用水工程的设计中应考虑合理的工程布局。在工程布局中应充分考虑地形地势、土壤条件等因素,并采取相应的措施来减少水土流失和水资源浪费。合理的工程布局有助于提高工程的效能并降低施工难度。

第五,设计人员需要考虑工程的排水系统。排水系统的设计应能及时排出工程内部的积水,以防止水湿化、土体失稳等问题的发生。合理的排水设计有助于保证工程的正常运行和延长工程的使用寿命。

(三)小型蓄水用水工程的施工方法

1. 土石方开挖与填筑

在施工前,需要根据工程设计要求,确定开挖与填筑的具体区域和深度。然后使用适当的施工设备和工具,按照工程图纸进行开挖与填筑作业。开挖过程中需注意遵循安全规范,确保工地人员和设备的安全。填筑时,要选择符合设计要求的土石料,并进行适当的压实处理,以确保工程的稳定性和耐久性。

2.梯田建设

在梯田建设中,需要根据测量数据和设计要求,对不同高度的梯田进行规划和布局。然后,进行开挖、疏浚、填筑、整平等作业,使得各个梯田之间的高差适度、坡度适宜,以利于蓄水和灌溉。在施工过程中,需要特别注意梯田的排水系统,确保水流顺畅,防止水土流失。

3.沟道防护和护岸工程

沟道防护和护岸工程主要是针对山沟、河流等水体周围而采取的防护措施,即挖掘和整修沟道,保持其形状和稳定性;在河岸处进行护岸工程,防止水体侵蚀。在施工过程中,需要根据具体情况选取合适的材料,如石块、混凝土等,进行修补和加固工作。

第二节 水土保持的林草措施

一、分水岭防护林草工程

(一)分水岭防护林草工程的定义及重要性

分水岭防护林草工程旨在通过在分水岭地带种植适宜的树木和草本植物,提高土壤的保水保肥能力,减缓山坡上的水流速度,起到保护水源、固土保水、防治土壤侵蚀的作用。

分水岭防护林草工程对于水资源的保护具有重要意义。分水岭是水流进入不同流域的分界线,其水源的保护对于整个生态系统的稳定运行至关重要。分水岭防护林草工程通过增加植被覆盖率,有效减少了水土流失和泥沙淤积,保护了水源地的水质,保证了水资源的可持续利用。

分水岭防护林草工程在控制土壤侵蚀方面具有显著效果。种植适宜的树木和草本植物能够有效地固定土壤颗粒,增强土壤的抗蚀能力。树木和草本植物的根系能够增强土壤的结构稳定性,并形成坚固的根系网络,进一步减缓水流速度,减少对土壤的冲刷和侵蚀,有效地保护山地农田和生态环境。

分水岭防护林草工程有助于农业生产的持续发展。山坡地经过分水岭防护林草工程的修复,土壤肥力得到提高,水分保持能力增强,农作物的水肥利用效率也得到了改善。此外,适宜的植被覆盖具有农业生态系统中的良好生境条件,促进农业生产的生态友好转型。

(二)分水岭防护林草工程的施工方法

分水岭防护林草工程不仅能够有效降低水土流失的程度,还可保护土地资源的稳定性,以实现可持续利用。在分水岭防护林草工程的施工中,需要采取一系列科学的方法,以确保工程的质量和效果。

1.确定适宜的防护植物种类

根据分水岭地区的气候条件、土壤特性和植被需求等因素,选择适宜的防护植物种类。通常情况下,应选择树种和草本植物相结合的方式进行防护,以达到更好的保护效果。

2.合理设计防护林草工程的布局

在分水岭地区进行防护林草工程施工时,应根据地形地貌和坡度等因素,科学设计林带和草带的布局。可采用横向和纵向错落的排列方式,使得防护结构能够有效遏制水土流失并最大程度地固定土壤。

3.进行适时的造林和种草

选择适宜的季节和气候条件,进行分水岭防护林草工程的造林和种草。应注意栽植和播种的密度和深度,确保植物能够良好生长并且能够发挥防护的功能。

4.加强养护和管理

分水岭防护林草需要长期的养护和管理。及时修剪、病虫害防治以及施肥等措施都是确保工程维持稳定和可持续的重要环节。

(三)分水岭防护林草工程的效果评估

通过评估分水岭防护林草工程的效果,可以了解其实施效果,为进一步改进工程提供参考和依据。下面从效果评估的方法和评估指标两个方面进行探讨。

分水岭防护林草工程的效果评估可以通过实地调查和监测来进行。通过实地调查,可以对分水岭上下游水土流失情况进行比较,了解工程实施前后的差异。监测是指通过设置水土保持监测点,定期测量水土流失量、径流量等指标,进一步评估工程的效果。

评估分水岭防护林草工程的效果时需要确定科学的评估指标。常用的指标包括水土保持效益指数、水文指标、植被指标等。水土保持效益指数,即用于计算工程实施前后的水土流失减少量,反映工程的防护效果。水文指标指用于分析工程对径流量、河道侵蚀等的影响程度。植被指标指用于判断工程实施后的植被恢复情况,评估其对水土保持的贡献。

综合以上评估方法和指标,可以对分水岭防护林草工程的效果进行客观、全面的评估。依据效果评估结果,可以优化工程设计和实施,提高工程的水土保持效果。此外,评估结果也可以为决策者和相关部门进行政策制定和工程投资提供科学依据。

二、源面防护林草工程

(一)源面防护林草工程的定义及重要性

源面防护林草工程的主要目的是通过植被的种植、管理和保护,保护水土资源。该工程的定义是,在水土流失和侵蚀严重的山地和丘陵地区,通过合理选择和培育适应性强的林草植物,建立和恢复生态系统,减少水土流失,实现水土保持的目标。源面防护林草工程的重要性主要体现在以下几个方面。

第一,源面防护林草工程有助于水土保持。植被覆盖可以有效地减缓水流速度,阻止水土流失。在根系的扎根作用和茎叶的拦截作用下,林草植物能够减少降雨对土壤的冲刷和侵蚀。在植物的生长和分解也能够生成有机质和营养物质,改善土壤结构和质地,促进土壤保持和生态恢复。

第二,源面防护林草工程对于生态系统的维持和恢复至关重要。在山地和丘陵地区,水土流失严重导致了生态环境的破坏和退化,而种植适应性强、抗风抗旱的林草植物,能够改善地表多样性和植被结构,丰富生物多样性,促进生态系统的恢复和稳定。林草植物在生长过程中能够吸收大量的二氧化碳,减少温室气体的排放,应对气候变化具有积极的意义。

第三,源面防护林草工程有助于保证社会经济发展的可持续性。水土流失和侵蚀严重的地区不仅农田的生产力和粮食安全得不到保障,水资源的供应和质量也会受到很大影响。而实施源面防护林草工程,能够提高水土资源的利用效率、农田的产量、质量,为可持续的农业生产奠定基础。同时,林草植物的种植和管理也能够为当地农民创造就业机会,促进农村经济的发展。

(二)源面防护林草工程的施工方法

1.选择合适的树种和草本植物进行种植

源面防护林草工程的施工主要依靠植被覆盖来减缓水土流失的速度,因此选择适应当地气候、土壤条件的树种和草本植物至关重要。例如,在干旱地区,应选择耐旱性强的树种和草本植物,以确保其生长良好,并发挥出最佳的水土保持效果。

2.进行适当的土壤准备工作

在源面防护林草工程施工之前,必须做好充分的土壤准备工作,包括清理杂草、深翻土壤、改善土壤质地等。这些工作的目的是为树种和草本植物提供良好的生长环境,促进其根系良好发育,并提高其抵抗水土侵蚀的能力。

3.合理布局种植

在源面防护林草工程的实施中需要根据实际情况合理布局种植的树种和草本植物。通常情况下,我们可以采用两种或多种树种交错种植的方式,以形成较为紧密的林带。这样不仅可以提高植被覆盖的密度,增强水土保持效果,还可以降低灾害发生的概率。

4.加强养护管理

一旦施工完毕,必须及时进行养护管理工作,包括及时对植物进行浇水、施肥、修剪等。这样可以保证植被的长势良好,形成完整的植被覆盖层,进一步提高水土保持的效果。

5.定期进行效果评估及监测

通过定期对工程区域进行效果评估及监测,可以及时发现存在的问题,并及时采取修复措施。例如,发现有部分植被死亡时,应及时补植;发现植被覆盖不均匀时,可以进行适当调整;等等。

(三)源面防护林草工程的效果评估

在水土保持工作中,源面防护林草工程的主要目的是通过植被的种植和维护,有效地减少水土流失,保护水源地的生态环境。因此,对于源面防护林草工程的效果评估显得尤为重要,可从以下几方面进行评估。

1.源面防护林草工程在减少水土流失方面的效果

通过监测降雨过程中的径流量和泥沙含量,我们可以分析工程的效果。如果在工程实施后,径流量和泥沙含量都有较大程度的下降,说明源面防护林草工程起到了一定的抑制水土流失的作用。我们还可以利用水土保持模型进行模拟实验,来评估源面防护林草工程对水土保持的贡献。

2.源面防护林草工程对土壤保育的效果

通过对比工程前后的土壤物理性质和化学性质的变化,以及土壤水分的分布情况,可以对工程的效果进行评估。如果工程完成后土壤的质地更加稳定、保水性更高,并且土壤养分含量有所提升,就说明源面防护林草工程对土壤保育起到了积极的作用。

3.源面防护林草工程对生态环境的影响

通过对工程区域内植物种群的结构和物种组成、鸟类等生物的丰富度和多样性进行调查,可以了解工程的生态效益。如果在工程实施后,植物的数量和种类增加,鸟类等生物也得到了保护且数量有所增加,就说明源面防护林草工程有助于恢复和改善生态环境。

三、坡面防护林草工程

(一)坡面防护林草工程的定义及重要性

坡面防护林草工程旨在通过植被的布置和管理来确保坡面的稳定性,防止水土流失和侵蚀。这项工程对于保护土壤、防止土壤侵蚀、维护生态平衡以及促进可持续发展起着至关重要的作用。

其一,坡面防护林草工程能够有效减少水土流失。坡面地势比较陡峭,容易发生水土流失现象,尤其在强降雨的情况下更加严重。通过合理的植被布置和管理,坡面防护林草工程能够减缓雨水的流动速度,增强土壤的抗冲蚀能力,从而降低水土流失。

其二,坡面防护林草工程有助于增强水源涵养功能。坡面的植被能够增加土壤的持水性和渗透性,有效地减少降水对地表径流的损失。同时,植被的根系能够稳定土壤,防止滑坡。这不仅有助于维护地下水位的平衡,还能够为周围地区提供水源,满足人们的日常生活和农业用水需求。

(二)坡面防护林草工程的施工方法

为了达到理想的效果,施工过程需要经过详细的规划和科学的操作。下面介绍坡面防护林草工程的施工方法,包括选址、造林技术以及植被管理等方面。

1. 选址

在选址时,应综合考虑地形、土壤、水文等因素,选择适宜的坡面进行工程建设。选址时应避免地势陡峭、土壤质量差和水体密集等不利条件,以确保施工后植被能够扎根并有效保护坡面。

2. 造林技术

在进行造林时,应优先选择适应当地环境条件的树种和草种,充分考虑其抗旱、抗风、抗侵蚀的能力。应合理确定种植密度和行株行列,以便形成致密的林草覆盖,提高坡面保护的稳定性。

3. 植被管理

通过合理的管理措施,能够促进植被的生长和发育,进而提高坡面的抗侵蚀能力。植被管理包括及时修剪、施肥、病虫害防治等方面,以确保植被的健康生长并保持较长时间的覆盖。此外,还应注意对已经成林的坡面,进行适当的更新和管理,以及监测和防治植被病虫害。

在施工过程中,还需注意与其他相关工程的协调。例如,与水土保持工程、水源涵养工程等相结合,形成综合防护体系,以提高整体的水土保持效果。

(三)坡面防护林草工程的效果评估

坡面防护林草工程是通过植物的生物力学作用和土地利用措施,对坡面进行有效的保护和修复。因此,对坡面防护林草工程的效果进行评估十分必要。

评估坡面防护林草工程的效果时需要综合考虑多个指标,包括护坡效果、水源涵养功能、水土流失控制效果等。对于护坡效果,我们可以通过观察植被的覆盖情况、坡面的稳定性来评估。同时,水源涵养功能是坡面防护林草工程的重要功能之一,评估该功能时主要关注坡面林草对水的拦截和储存能力。另外,水土流失控制效果也是评估的重要指标,主要集中在坡面水土流失的减少程度。

评估坡面防护林草工程的方法有多种。常见的方法包括定量观测和定性评估。定量观测是指采用野外实地调查和监测等手段,通过对不同植被类型和不同施工方式的样地进行观测和测量,得出坡面防护林草工程的具体效果指标。定性评估则是基于专家经验和实际情况,通过对工程项目的综合评估来判断工程效果。

四、侵蚀沟道防护林草工程

(一)侵蚀沟道防护林草工程的定义及作用

侵蚀沟道防护林草工程是一种针对沟道侵蚀的防护措施,通过种植适宜的林木和草本植物来稳定沟道,减少水土流失。这种工程具有极其重要的意义。

侵蚀沟道防护林草工程能够有效地减缓沟道侵蚀的速度,防止沟道的扩张和加深。林木根系能够抓牢土壤,防止土壤被水冲刷走,而草本植物的根系能够形成坚固的网状结构,进一步稳定沟道。这样,沟道的侵蚀速度可以大大降低,从而保护水土资源。

侵蚀沟道防护林草工程有助于改善沟道环境,并提供生态服务功能。沟道是水资源的重要通道,对水质起到过滤作用,同时也是很多动植物的栖息地。种植适宜的林木和草本植物,不仅能够美化沟道环境,还能够为动植物提供栖息和觅食的场所,维护生态平衡。

侵蚀沟道防护林草工程有利于保护生态系统的稳定性。沟道是水循环的重要组成部分,而水又是生态系统中一切生命的基础。采取防止沟道侵蚀的措施,可以保持生态系统中水资源的充足和稳定,维护整个生态系统的正常运转。

(二)侵蚀沟道防护林草工程的施工方法

1.确定侵蚀沟道的特征和状况

在进行工程施工之前,需要对侵蚀沟道进行全面的调查和评估。通过对沟道的长度、宽度、深度、坡度等特征进行测量,可以更好地了解沟道的规模和状况。此外,还应该评估沟道的蚀深程度、侵蚀程度以及潜在的土壤侵蚀风险等。

2.采取适当的修复和稳定措施

基于侵蚀沟道的具体状况,可以采取多种修复和稳定措施。例如,可以采用土工护坡技术,通过铺设护坡网、搭建护坡结构等方式来增强沟道边坡的抗冲刷和抗侵蚀能力。此外,还可以通过种植适宜的林草植被,如河岸植被、水生植被等,来固定土壤,减缓水流速度,降低冲刷风险。

3.合理利用水土保持技术手段

在进行侵蚀沟道防护工程时,可以充分利用水土保持技术手段来增强工程的稳定性和效果。例如,可以采用梯田分级系统,通过设置坎垅、蓄水沟等措施来减缓水流速度,促进水土保持。此外,还可以采用草皮保持技术,通过铺设均匀的草皮或植被毯来保护土壤,减少水流对土壤的冲击和侵蚀。

4.注重工程施工的维护和管理

侵蚀沟道防护工程的长期效果和稳定性与工程的维护和管理密切相关。在施工完成后,需要对工程进行定期巡查和维护,并及时修复。此外,还应采取合理的管理措施,如合理利用水资源、合理进行农田排水等,以维护工程的长期效果。

第三节 水土保持的耕作措施

一、横坡耕作

(一)横坡耕作的定义

横坡耕作是在坡地上按照横向方向进行耕作。相比于传统的纵向耕作方式,横坡耕作能够更有效地减少土壤侵蚀和水分流失。横坡耕作是一种非常重要的防治水土流失的手段,特别适用于具有坡度较大的山地农田。

(二)横坡耕作的实施方法

下面将从减少坡度、梯田布局和农作物选择三个方面介绍横坡耕作的实施方法。

1.减少坡度

有效降低坡度,可以降低水土流失的风险,保护耕地质量。降低坡度的具体方法主要有修建梯田和构筑坡面地洞。修建梯田可以将原本陡峭的坡面变成一片片平缓的小坪地,将水土保持效果最大化。而构筑坡面地洞则是在坡面上开挖一系列小洞,用来固定土壤和降低水流速度,进而减缓水土流失。

2.梯田布局

合理的梯田布局可以最大限度地利用坡地资源,减少水土流失。在梯田的规划中应考虑到地形条件、降水情况以及农作物种植需求等因素。通常可以采取错高栽种和梯田隔离等技术来保证梯田之间的联系和效益。

3.农作物选择

不同的农作物对土壤的保护和滋养能力不同,因此在横坡耕作中应选择适宜的农作物进行种植。一般来说,具有较强根系发达能力和抗旱能力的农作物适合进行横坡耕作,如玉米、番薯等。同时,合理选择种植间奏也可以有效避免出现土壤的长期裸露情况,起到保护土壤的作用。

(三)横坡耕作的水土保持效果

第一,横坡耕作可以显著减少水土流失的风险。横坡耕作的主要特点是开挖横向的槽沟,并在槽沟内种植相应的农作物。这种耕作模式可以有效阻止大面积的水土流失。槽沟的设置可以使农田表面的坡度变得较为平缓,减少了雨水冲刷土壤的机会。农作物的根系能够进一步抓住土壤,提高土壤的抗冲性,减少了水土流失的可能。

第二,横坡耕作能够改善土壤的保水性。横坡耕作通常在农田表面形成一系列的槽沟和台地。这种土地形态可以提供更多的水分储存空间,有利于降雨的入渗和保留。当雨水落在横坡耕作的农田上时,一部分雨水会留在槽沟内,为农作物的生长提供充足的水分。在水资源匮乏的干旱地区,采取横坡耕作方式可以更好地利用有限的水资源,保证作物的正常生长。

第三,横坡耕作有助于土壤肥力的保持与提高。在横坡耕作的实施中通常需要施加大量的有机肥料,如农作物秸秆、畜禽粪便等。这些有机物能够提供丰富的养分,改善土壤的肥力,并且在农作物的生长过程中逐渐分解,为土壤提供持续的肥料补给。横坡耕作能够减少土壤侵蚀,使得养分的流失减少,有助于土壤肥力的保持。

二、农作物秸秆覆盖

(一)农作物秸秆覆盖的定义与作用

农作物秸秆覆盖是指在农作物收割后,将残留的秸秆及其他植物直接覆盖在田地表面,以起到保护土壤、抑制土壤侵蚀、提高土壤肥力等作用。农作物秸秆覆盖具有以下几个作用。

其一,农作物秸秆覆盖可以有效地保护土壤,减少水土流失。农作物收割后,土壤常常暴露在外,容易受到风雨的侵蚀,导致土壤质量下降。而覆盖秸秆能够起到一定的保护作用,防止土壤受到剧烈的冲击,降低水土流失的风险。

其二,农作物秸秆覆盖有利于改善土壤的质地和结构。秸秆中含有丰富的有机物质,覆盖在土壤上不仅可以增加土壤的有机质含量,还可以改善土壤的通气性和保水性,提高土壤肥力和耕作性能。秸秆在分解过程中会产生大量的有机酸,可以促进土壤中微生物的活动,进一步改善土壤的质地和结构。

其三,农作物秸秆覆盖对于农田的生态环境建设具有积极的作用。秸秆覆盖可以保持土壤的湿润度,减少蒸发和蒸腾作用,降低土壤温度,为农作物提供适宜的生长环境。与此同时,秸秆也是农田中的一种有机肥料,其在分解过程中释放的养分可以为植物提供营养,促进植物的生长发育,为农作物的高产稳产创造良好的条件。

(二)农作物秸秆覆盖的注意事项

农作物秸秆覆盖的目的是通过覆盖农作物残留物,保护土壤表面不受风蚀和水蚀,减少水分蒸发,提高土壤的保水能力,改善土壤质量。在实施农作物秸秆覆盖时,需要考虑以下几个方面。

1.选择合适的农作物

针对不同的地区和土壤条件,需要选择适合在当地生长的农作物进行种植。这些农作物要具备较长的生育期,并且能产生较多的秸秆。例如,在南方地区,稻谷、玉米等农作物的秸秆覆盖效果较好。

2.控制农作物的收割时间

为了实施农作物秸秆覆盖,要尽量将农作物的收割时间安排在合适的时期。一般来说,农作物的秸秆在收割后的一段时间内,容易变软,容易覆盖在土壤表面。因此,及时收割并留下适当的秸秆是实施农作物秸秆覆盖的重要步骤。

3.合理处理秸秆

在农作物收割后,需要对秸秆进行合理处理。可以通过打捆、压碎等方式,将秸秆处理成易于覆盖的形式。此外,还可以根据具体条件,选择加工秸秆,如制成秸秆炭、秸秆板等,实现资源化利用。

4.覆盖秸秆

在农作物收割、秸秆处理完毕后,将处理好的秸秆均匀地覆盖在土壤表面。覆盖厚度一般为5~10厘米。为了确保覆盖效果,需要注意覆盖的均匀性,避免出现秸秆堆积或者覆盖不足的情况。

(三)农作物秸秆覆盖的水土保持效果

下面将从减少水土流失、改善土壤质地和提高土壤肥力三个方面,详细介绍农作物秸秆覆盖的水土保持效果。

1.农作物秸秆覆盖可以减少水土流失

秸秆的覆盖可以防止降雨冲刷土壤,并且能够降低降雨对土壤的冲击,最大程度上保护土壤颗粒不被破坏。此外,秸秆可以增强土壤的持水能力,使土壤保持一定的湿度,减少水分的蒸发和流失,有效地降低水土流失的风险。

2.农作物秸秆覆盖有助于改善土壤质地

秸秆的分解和生物活动可以促进土壤结构的形成,改善土壤的透气性、保水性和保肥性。秸秆的分解还可以增加土壤的有机质含量,提高土壤的肥力和保水能力。此外,秸秆还可以增加土壤的微生物活性和土壤动物的数量,促进土壤生态系统的健康发展。

3.农作物秸秆覆盖可以提高土壤肥力

秸秆中含有大量的有机质和营养元素,如碳、氮、磷、钾等,这些营养元素可以被土壤有机质分解出来,为农作物的生长提供养分。农作物秸秆覆盖还可以降低土壤的温度和湿度,减少病虫害的发生并减缓其传播,提高农作物的产量和品质。

三、等高种植

(一)等高种植的定义与作用

等高种植是通过调整作物种植的高度,使植株的根系和茎叶能够更好地保持土壤和水源,从而形成更稳定的耕作体系。

等高种植的主要作用是提高土壤水分利用效率。等高种植通过调整植物的高度,使农作物的根系和茎叶与土壤表面保持一定的距离,减少土壤表面水分的蒸发,减少土壤水分的流失。这样一来,即使在干旱条件下,植物依然能够获得充足的水分供应,从而提高农作物的抗旱能力。

等高种植能够减少土壤的侵蚀和流失。等高种植改变了传统种植方式中植物根系和茎叶与土壤表面之间的接触方式,使得雨水在流经土壤表面时有更多时间渗透到土壤深层,并减少了土壤表层的流失。这种种植方式不仅有效地减少了水土流失,还保持了土壤的肥力和结构,为持续的农业生产提供了良好的土壤基础。

等高种植具有避免作物病虫害发生的作用。由于等高种植改变了植物与土壤的接触方式,破坏了病虫害,降低了病虫害的发生率。这对于农业生产来说具有重要的意义,不仅能够减少农药的使用,降低农作物的生产成本,还能够提高农作物的品质和安全性。

(二)等高种植的实施要点

等高种植的实施要点主要包括选择适宜的农作物、调整种植密度和密植方式、合理利用地势等。

在选择农作物方面,需要考虑农作物的生长特点和适应能力。一般而言,具有较强抗旱能力、营养需求较低的农作物更适合采取等高种植方式。例如,玉米、红薯等农作物是常见的等高种植的选择。这些农作物生长迅速,能够快速覆盖土壤,起到保护土壤的作用。

在调整种植密度和密植方式方面,需要根据具体情况进行灵活调整。一般而言,等高种植要求植株之间的距离保持一致,以形成均匀的覆盖层。调整密度和密植方式的关键是要充分利用土壤资源,在提高产量的同时保证土壤水分的充分利用和水土流失的防治。可以采用适度密植的方式,使植株之间的竞争减小,同时保证植株之间的间距不会太大,以维持稳定的覆盖效果。

通过选择适合的地块,利用地势的差异,可以有效控制水土流失。通常情况下,选择地势较平缓的坡地进行等高种植,可以使农作物在水平方向上均匀生长,覆盖土壤,降低水土流失的风险。

(三)等高种植的水土保持效果

通过合理布局植物,使植被覆盖率达到最大化,减轻了暴雨冲击对土壤的侵蚀。同时,等高种植还能阻碍雨水快速形成径流,促使雨水在土壤中渗透,减少径流,降低了水土流失的风险。

等高种植能改善土壤质量。采用等高种植方式,需要精心挑选耐旱、耐盐碱等特殊性状的农作物,这些农作物可以适应复杂的土壤条件,减少土壤中的养分流失。这些农作物的根系有助于形成疏松的土壤结构,增加土壤的透气性和保水性,有利于土壤中有益微生物的生长,提高土壤肥力。

等高种植有助于对水资源的保护。由于等高种植的植株紧凑,种植密度高,减少了土壤表面的蒸发量,降低了农田的蒸发散失。因此,可以提高土壤的水分利用效率,减少对外部水源的需求,实现节水效果。

等高种植有助于生态环境的修复。通过合理设计等高种植的形状和结构,可以形成分层次、多样的农田景观,为生态系统提供更多的生境。这种农田景观不仅为农作物提供了良好的生长环境,也为许多动植物提供了栖息、繁衍的场所,提升了生态系统的稳定性和多样性。

四、水平梯田种植

(一)水平梯田种植的定义与特点

水平梯田种植是指在山坡上开设横向平台,形成水平的田间地势,有效减少水流冲刷和土壤侵蚀的发生。横向平台的设置是根据山坡的坡度和土壤特点来确定的,能够最大限度地提高山坡地的利用效率,同时减少对土壤的破坏。

水平梯田种植的特点主要体现在以下几个方面。第一,水平梯田种植可以减少土壤流失和沟壑侵蚀。水平梯田的设置使得水流在田间地势上平稳流动,减缓了水流速度,从而减少了水流冲刷和土壤侵蚀的发生。第二,水平梯田能够提供较好的生态环境。水平梯田的建设可以促进土壤水分的蓄积量,改善土壤质量,为农作物提供较好的生长条件。同时,能够增加农田生态系统的稳定性和提升其多样性。最后,水平梯田还能增加土地的利用效率。通过合理设置横向平台,山坡转化成平坦的田地,提高了土地的有效利用率,使农作物的种植面积增大,产量也相应增加。

(二)水平梯田种植的实施要点

第一,对于山坡的选择和布置,要考虑地形地貌特点和降雨情况。将坡度适中、土质较好的山坡作为水平梯田的建设区域,以确保水土保持效果。根据当地的降雨情况确定梯田之间的距离和水平平台的大小,合理安排排水系统,防止田间水滞留和土壤侵蚀。

第二,进行梯田的平整和整地。在梯田的建设过程中,要对山坡进行平整,打造出水平的田地。可以利用人工或机械移除大块的岩石和土壤,填平低处,凸显水平平台效果。这一步骤对于后期的种植和管理至关重要,可以提高水利设施的利用效果,方便田间操作,促进农作物的生长。

第三,种植适合水平梯田的农作物。一方面,选择适应当地环境和土壤条件的农作物,如水稻、小麦等。另一方面,考虑到水土保持的效果,可以选择一些覆盖农作物,如绿肥、苜蓿等,在不同阶段进行间作和轮作,增加植被覆盖率,减少水土流失的可能性。

第四,进行田间的合理管理和保养。在水平梯田种植的过程中,要加强田间的灌溉、施肥和病虫害防治等工作。采用科学的灌溉和施肥方式,合理利用水肥资源,提高农作物的产量和品质。同时,定期清理杂草和淤积物,保持田地的排水畅通,防止水患和土壤侵蚀的发生。

(三)水平梯田种植的水土保持效果

水平梯田种植能够有效减缓水流速度,减少水土侵蚀。传统的梯田种植存在梯度大的问题,水流通过时容易形成坡面径流,加速了水土的流失。而水平梯田种植则采用均匀的平台坡度,降低了水流速度,使水土有更多的时间停留在植被覆盖的平台上,从而降低了水土的侵蚀程度。

水平梯田种植利用了梯田平台,有效提高了水土保持的能力。在水平梯田平台上种植农作物,形成了一层植被覆盖,阻止了雨水的直接冲刷。植物根系紧密地将土壤固定在平台上,又减少了土壤的流失,形成了一道天然的屏障,有效防止了水土的流失和侵蚀。

水平梯田种植可以提高水分利用效率,减少水资源的浪费。坡地上的水分通常存在大量的表面流失,很少渗透到土壤中,造成了水资源的浪费。而水平梯田种植能够通过合理的平台设计和排水措施促进水分渗透到土壤中,提高了土壤对水分的储存能力和利用效率。这不仅有利于农作物的生长,也有助于保护水土资源。

水平梯田种植能够改善土壤的物理性质和化学性质,提高土壤肥力和农作物产量。这样就减少了水土流失和侵蚀,肥料和农药的流失也减少了,土壤湿度和温度得到了较好的保持。这些有利于土壤微生物的活动和农作物根系的生长,提高了土壤的肥力,进一步提高了农作物的产量和质量。

第三章　水土保持的技术

第一节　土壤侵蚀控制技术

一、植被覆盖技术

（一）植被覆盖技术的原理

植被覆盖技术是一种通过引入合适的植物物种形成密集的植被覆盖层来控制土壤侵蚀的有效手段。其原理主要包括以下几个方面。

第一，阻止雨滴直接击打土壤表面。当雨滴以较大的速度和强度直接击打裸露土壤时，会产生冲刷力，使土壤颗粒松动，易被径流带走。而植被覆盖层能够承受雨滴击打，减少雨滴对土壤的破坏，并将雨滴冲击力均匀地分散到覆盖层各处，减轻冲刷力集中作用。

第二，利用植物根系强大的固土作用。植物根系能够通过生长和扩张，渗透到土壤深层，形成一个稳固的网状结构。这种结构能够有效地牵制土壤颗粒，增强土壤的稳定性，降低土壤颗粒的流失风险。

第三，增加降雨入渗量，减少径流产生。植物根系能够疏松土壤，增加土壤的孔隙度和透水性，促进降雨的渗入。相比于裸露的土壤，植被覆盖层下的土壤能够吸收更多的水分，降低径流产生的量和速度，遏制了径流对土壤的冲刷和侵蚀。

第四，提供生物物质，促进土壤的有机质积累。植物的落叶和残枝败叶经过分解后，能够向土壤中释放有机质、养分并形成微生物群落。这些有机质的积累不仅改良了土壤的物理、化学性质，提高了土壤的结构和肥力，还有利于生态系统的稳定和可持续发展。

（二）植被覆盖技术的应用

植被覆盖技术是通过引入植被来覆盖土壤表面，形成一个稳固的植被层，以减少土壤侵蚀和径流的发生。

1.植被覆盖技术可以用于有效地减少水土流失

植被覆盖层能够抵挡风力和水力的冲击,减缓径流速度,避免土壤被冲刷而流失。植物的根系能够牢固地固定土壤颗粒,增加土壤的抗冲性和稳定性。因此,采用植被覆盖技术,可以降低土壤侵蚀的风险,保护水土资源。

2.植被覆盖技术可以用于改善土壤的物理性质

植被在生长过程中,通过根系的吸附作用,促进了土壤颗粒间的结合,提高了土壤的团聚性和质地紧实度,从而改善了土壤的通水性和抗冲性。植物的根系还能分泌有机酸、酶等物质,促进土壤中养分的释放和水土保持有效性的提高,有利于植物的生长。因此,应用植被覆盖技术不仅可以减少土壤侵蚀,还能改善土壤质地和养分状况。

3.植被覆盖技术可以用于提高土壤的保水能力

植物通过根系吸收土壤中的水分,并通过蒸腾作用将之释放到大气中,从而有效地调节土壤中的水分含量。植被覆盖层能够减少土壤表面水分的蒸发,防止水分流失。植物的根系能够形成一种网状结构,增加土壤的孔隙度,促进水分的渗透和滞留。因此,植被覆盖技术在减少土壤水分蒸发和增强土壤保水能力方面具有显著的效果。

4.植被覆盖技术可以用于改善生态环境

植物在生长过程中吸收大气中的二氧化碳,释放氧气,净化空气,改善环境质量。植被还能为动物提供栖息地和食物,保护生物多样性。同时,植被覆盖技术能减少水体中泥沙和农药等物质的流入,维护水体生态系统的健康。因此,植被覆盖技术的应用对于生态环境的保护和修复具有重要意义。

(三)植被覆盖技术的优缺点

一是植被覆盖技术具有显著的护坡效应。适当的植被覆盖可以有效稳定坡面土壤,防止土壤的坡蚀。植物的根系能够牢固地固定土壤颗粒,增强土壤的抗冲刷能力,减少水流对坡面的侵蚀。茂密繁盛的植物也能形成一个密闭的植被覆盖层,降低水在坡面上的冲击力,进一步降低土壤的侵蚀风险。

二是植被覆盖技术有助于改善土壤质量。适宜的植被能够对土壤进行有效的水、肥养分的吸收,促进有益微生物的生长,增加土壤的有机质和养分含量。这些有益的生物活动将有助于改良土壤质地和结构,增强土壤的持水能力和保水能力。植物的根系也能够打破土壤的紧密结构,增加土壤的通气性和渗透性,有利于水和气体的循环,提高土壤的整体质量。

植被覆盖技术也存在一定的缺点。植被的种植、管理和维护需要一定的成本和人力资源投入。种植适宜的植物需要选择合适的品种,进行适时的播种和管理,保证植被的茂盛和健康生长。这些工作需要农民或相关管理人员具备一定的专业知识和技能,同时也需要投入一定的经济和人力资源。

二、土壤结构改良技术

(一)土壤结构改良技术的原理

土壤结构改良技术是指通过改善土壤的物理和化学性质,增强土壤的抗侵蚀能力,从而降低土壤侵蚀的风险。土壤结构改良技术的原理主要包括以下几个方面。

通过研究土壤的组成和性质,了解土壤中各种成分的含量和比例,从而确定采取何种土壤结构改良技术。不同类型的土壤在结构上存在差异,因此,在选择改良技术时,需要综合考虑土壤类型和地区气候条件等因素。

土壤结构改良技术的基本原理是通过改变土壤中的孔隙结构来提高土壤的透水性和保持水分能力。土壤中的孔隙是水和气体的通道,也是根系的生长空间。合理调整土壤孔隙结构,可以改善土壤的通气性和保水性,提高土壤的肥力和生产力。

土壤结构改良技术实质上是利用物理、化学和生物等手段,改变土壤颗粒间的接触状态,增加土壤的孔隙度和细微孔隙。常用的土壤结构改良技术包括添加有机肥料和改良剂、土壤疏松处理和土壤改良植物种植等。有机肥料和改良剂的添加可以提高土壤的有机质含量和养分供应能力,促进土壤微生物活动,改善土壤质地和结构。通过进行土壤疏松处理,可以增加土壤的通气性和排水性,减少土壤板结现象。土壤改良一般具有根系发达、抗风抗旱等特点,这类植物能够通过根系的机械作用和根系分泌物改善土壤结构,提高土壤肥力。

应用在进行土壤结构改良技术时需要注意合理的施工方法和周期。由于土壤结构改良技术是一个长期的过程,只有根据实际情况制订适当的计划,并采取科学的管理措施,才能取得良好的效果。

（二）土壤结构改良技术的应用

通过改良土壤的结构,增强其抗冲击、抗压实和抗侵蚀能力,进而降低土壤的侵蚀性,实现水土保持的目标。

1.添加有机质

有机质不仅可以提高土壤的肥力,还能改良土壤的结构。有机质具有丰富的负离子表面,可以与土壤颗粒形成较强的结合力,提高土壤的稳定性。此外,有机质还能增加土壤孔隙度和团聚体的稳定性,从而改善土壤的透水性和提高保水能力。通过添加适量的有机质,土壤结构能够得到有效改良,从而降低土壤侵蚀的风险。

2.改善土壤的质地

一般来说,黏性土壤容易形成结壳,阻碍水分渗透和气体交换,增加土壤侵蚀的可能性。而砂质土壤则容易发生风蚀和水蚀。因此,通过添加砂、淤泥等,或者利用分级方法调整土壤的质地,可以改善土壤的结构,降低土壤侵蚀的风险。

3.地形改造、植树造林、植被恢复等

合理利用地形,改造山地的坡度和坡向,可以降低径流速度和侵蚀力度,降低土壤侵蚀的风险。植树造林和植被恢复能够增加地表覆盖,形成稳定的植被盖层,减少水土流失和侵蚀的发生概率。

（三）土壤结构改良技术的优缺点

通过采用土壤结构改良技术,能够增强土壤的持水能力。它通过改变土壤的物理结构,增加土壤孔隙的数量和大小,使土壤能够更好地吸收和储存水分。这种措施可以有效降低水土流失的风险,为植物提供良好的生长环境。

通过采用土壤结构改良技术,能够改善土壤的通气性。改良土壤结构可以增加土壤中的气孔数量,提高土壤的通气性能,有利于根系的呼吸、氧气吸收以及排放有害气体。土壤通气性得到改善,有助于促进农作物的生长发育,提高农作物的产量和质量。

土壤结构改良技术也存在一些缺点。这种技术需要耗费一定的资金和人力、物力投入。在改良土壤结构时需要采取一系列的措施,如改善土壤的排水性能、

增加土壤有机质含量等,这些都需要投入一定的成本。土壤结构改良技术的效果不是立竿见影的,需要长期的实施和管理。土壤结构的改变需要时间,而且需要长期的维护和管理,否则效果可能不理想。

在运用土壤结构改良技术时需要根据具体的地理、气候和农作物条件进行调整。不同地区的土壤特点和气候条件差异较大,因此应用该技术时需要结合具体情况进行调整和优化。不同农作物对土壤结构的要求也有所不同,需要根据不同农作物的需要进行有针对性的改良。

三、径流分散技术

(一)径流分散技术的原理

其一,径流分散技术借助地形自然条件以及人工构筑物的设置来实现水流的分散。地形起伏、坡度变化、地势高低等因素,都可以导致水流在流经地表时产生分散效应。人工构筑物(如护坡、沟槽、挡水墙等)也可以主动引导水流分散,使水流从原本的集中通道分散到更广阔的区域。

其二,径流分散技术涉及植被的作用。植被在地表形成繁茂的根系和覆盖层,能够有效地阻止水流的冲刷和腐蚀,减缓水流速度,从而实现水流的分散。植被根系可以增加土壤的结构稳定性,提高土壤的抗冲刷和抗侵蚀能力,同时植被的根系还能增强土壤的持水能力,减少水流的径流量,从而降低土壤侵蚀的风险。

其三,在特定的地势条件下,水流在经过一段距离的流动后,会产生水流沉淀现象。这种沉淀可以有效地降低水流的速度和垂直侵蚀能力,从而达到分散水流的目的。人工构筑的水槽、沟渠等设施也可以通过引导和控制水流沉淀来实现径流的分散。

(二)径流分散技术的应用

在应用径流分散技术时可通过合理的排水系统,降低地表径流的流速和流量。例如,利用坎地和隔墙来划分不同区域,形成不同的水槽和灌排设施,有效地降低水流的冲击力和侵蚀力。同时,通过设置阻水槽和减速槽等水利设施,增加水流的停留时间,在一定程度上达到径流分散的效果。

径流分散技术的应用包括植被的选择和合理布局。植被具有一定的阻滞能力,能够减缓水流的速度,降低水流的冲击力。选择适宜的植被种类,并合理进行植被布局,可以最大限度地发挥植物的阻滞作用。例如,在山坡地应选用草本植被和灌木植被,可以增强土壤的持水能力,改善土壤结构,减少沟壑的形成,有效地控制水流的径流速度和流量。

在应用径流分散技术时,通过合理的地质技术手段,可以将坡面切分成多个平坦的小块,使水流在这些小块之间形成绕流,从而达到分散水流的目的。同时,对于沟壑和梯田等特殊地形,可以通过筑堤和固土等措施来改变地表形状,减缓水流的速度,实现径流分散。

(三)径流分散技术的优缺点

通过合理的水利构筑物的布置和设计,可以有效地降低坡面流速,提高径流稳定性,减少土壤侵蚀的发生。例如,设置阶梯状的引水槽、建设低墙堰等,能够有效降低径流速度,减少冲刷和侵蚀。

采用径流分散技术,可以获得良好的生态环境效益。通过应用径流分散技术,能够有效改善水土环境,促进植被生长,增加土壤有机质含量,改善土壤结构。这些都有益于水土保持和生态环境的稳定发展。

径流分散技术也存在一些缺点。例如,它的技术成本较高,如设计、施工和维护等方面的费用较高。技术实施的效果受到地理条件和降水量等因素的限制,不同地区的适用性存在差异。

虽然径流分散技术能够有效控制土壤侵蚀,但其效果受到许多因素的影响,如土地利用方式、坡度和土壤类型等。因此,在具体实施时,需要根据实际情况进行合理选择和设计,以获得最佳的防治效果。

径流分散技术能带来良好的防治效果和生态环境效益。然而,在实施过程中需要注意其高成本和适用性的限制,并根据具体情况进行合理的设计和选择,以确保其实现最大的效果。只有充分考虑到这些因素,才能真正发挥径流分散技术防治土壤侵蚀的作用。

四、蓄水保土技术

(一)蓄水保土技术的原理

蓄水保土技术旨在通过有效地调节水文过程,降低洪水和降水的冲击力,防止土壤侵蚀,促进水分渗透和土壤保水能力的提升。其原理主要包括土壤管理、水利设施和植被措施三个方面。

在土壤管理方面,蓄水保土技术通过精确施肥和合理耕作等措施,改善土壤结构,增强土壤的持水能力。合理施肥可以提高土壤的肥力水平,增强植物的生长能力,从而增加植物根系的扎牢度和根系与土壤的接触面积。通过采用合理的耕作措施,如翻耕或覆盖耕作,可以减小土壤的表面粒径,增强土壤团聚体的稳定性,并有利于土壤中植物的根系发育。

在水利设施方面,蓄水保土技术通过修建水库、水闸、隔离沟和沟渠等设施,调控径流的流向和流速,减缓水流对土壤的侵蚀冲刷。水库和水闸可以收集和分流降水和洪水,减小其对下游土地的冲击力。隔离沟和沟渠可以将水流分散,降低水流的速度和能量,从而降低土壤的侵蚀风险。

在植被措施方面,蓄水保土技术侧重于植被的选择和管理。植被的根系可以增强土壤的稳定性和保水能力,同时也可以降低径流的速度和冲击力。适宜的植被种类,如草坪、绿篱等,具有较强的根系和丰富的地下部分,可以有效地固定土壤,减缓水流速度。对植被的管理包括适时修剪、添加有机肥料等,能够确保植被的健康生长和根系的扩展。

(二)蓄水保土技术的应用

1.蓄水保土技术在农田中的应用

在农田中建设沟道、沟壕和水潭等水利工程,能够有效地截留农田内径流,减少径流冲刷对土壤的侵蚀。此外,改善农田的排水系统,提高土壤的排水能力,也能够有效预防土壤侵蚀。

2.蓄水保土技术在城市建设中的应用

随着城市化进程的推进,城市地区土地利用发生了很大的变化,导致城市地表径流增加、水土流失加剧。因此,利用蓄水保土技术来减少城市地表径流、保护土壤资源成为一种重要的手段。例如,建设雨水花园、绿地和雨水渗透系统等工程,能够增加城市地区的绿化覆盖率,提高土壤的蓄水能力,降低水土流失的风险。

3.蓄水保土技术在工业区和矿山开发中的应用

工业区和矿山地区通常土地利用密度高、植被覆盖率低,土壤容易失去持水能力,导致严重的土壤侵蚀。因此,在这些地区应用蓄水保土技术非常必要。例如,通过修建拦河坝、建设人工湿地和植被带等工程措施,能够有效抑制土壤侵蚀,减少洪水的扩散,保护土地的生态安全。

(三)蓄水保土技术的优缺点

蓄水保土技术能够有效地控制水分的流失和土壤的侵蚀。在坡面或者农田中建设坝、沟等,能够增加水分的滞留时间,降低径流速度,从而减少水流对土壤的侵蚀。蓄水保土技术能够提高土壤的保水能力和水分利用效率。合理的水土保持结构设计,能够增加土壤孔隙和溶水性,提高土壤保水能力,使土壤能够更好地满足植物生长的需求。最后,蓄水保土技术还能够减少土壤的表层侵蚀,从而保护土壤质量,提高土壤肥力和农田的产量。

蓄水保土技术也存在一些不足之处。第一,其建设和维护成本较高。在采用蓄水保土技术时需要进行土地整理及坝、沟的修建,还要进行定期维护,这些都需要耗费大量的人力、物力和财力。第二,蓄水保土技术对于土地利用的限制比较大。由于在采用蓄水保土技术时需要占用一定的土地空间,因此在有限的土地条件下,需要进行合理的规划和设计,避免浪费土地资源。第三,蓄水保土技术在实施过程中还存在技术难题和隐患,例如施工不当、设施损坏等问题,需要加强监督和管理。

在应用蓄水保土技术时,需要综合考虑各种因素,并进行合理规划和设计,以最大程度地发挥其水土保持的作用。

第二节　水资源保护技术

一、水污染控制与净化技术

(一)水污染来源与影响

水污染是指人类活动产生的各种有害物质或者微生物进入水体,对水质造成了破坏的现象。水污染来源主要包括工业废水排放、农业非点源污染和城市生活污水等。这些污染源会导致水体中出现各种有害物质,如重金属、农药残留、有机污染物等,对水生态环境和人类健康造成严重威胁。

1.工业废水排放

各种工业生产过程中产生的废水,包括工艺废水和生活污水,含有大量的有机物、无机盐和重金属等污染物。这些污染物进入水体后,会影响水中的生物多样性和生态平衡,甚至对人体健康造成潜在风险。

2.农业非点源污染

农业生产中使用的化肥、农药以及大量的畜禽粪便等,通过降雨的冲刷作用进入河流、湖泊和地下水,导致水体中营养物质过度富集,引发水华、蓝藻暴发等问题。这些非点源污染给水环境带来了巨大挑战,对水生态系统造成严重破坏。

3.城市生活污水

随着城市化进程的不断推进,城市人口快速增加,人们的生活水平不断提高,导致城市生活污水的排放量不断增加。生活污水中含有大量的有机物、氮、磷等营养物质,如果处理不当,则会导致水源地的富营养化,引发水质问题,甚至使生态环境崩溃。

水污染对水资源造成的影响是多方面的。首先,水污染破坏了水质,使得水体无法满足人类的生产和生活需求。其次,水污染会影响水生生物的生存和繁衍,破坏水生态系统的稳定性。最后,水污染会对人体健康带来潜在风险,导致各种水源性疾病的发生。

(二)水污染控制技术

水污染控制技术通过减少污染物的排放,降解、去除污染物等操作来降低水体受到的污染程度,从而保护水资源。

常见的污染物降解技术包括光解技术、生物降解技术和化学降解技术等。光解技术利用光能来促进污染物的分解,常见的应用形式有光催化和紫外线辐射等。生物降解技术则利用生物体或其代谢产物来分解污染物,如利用微生物分解有机物。化学降解技术则采用化学药剂来分解污染物,如氧化剂、还原剂和沉淀剂等。研究这些技术使之不断优化和改进,可以提高水污染物的降解效率和去除率。

除了降解和去除污染物,水污染控制技术还包括捕获和拦截污染物。例如,应用各种过滤器和吸附剂捕获和拦截污染物。过滤器通过孔径的筛选作用将污染物截留在其中,常见的过滤器有砂滤器、活性炭过滤器等。吸附剂则通过吸附污染物来达到去除的效果,如将活性炭作为吸附材料来去除有机污染物。对于一些颗粒状的污染物,还可以采用沉淀池和格栅等物理结构进行拦截,从而减少对水体的污染。

水污染控制技术包括智能监测和预警系统的应用。随着科技的不断进步,智能监测和预警系统在水污染控制中得到了广泛应用。这些系统可以通过传感器、网络等手段实时监测水体的污染状况,并及时发出预警信号,以便采取相应的控制和处理措施。智能监测和预警系统的应用能够全面了解水体的污染情况,提高对污染源的监控和追踪能力,有助于及时采取措施控制污染物的排放和扩散。

(三)水资源净化技术

水资源净化技术包括物理方法、化学方法和生物方法。物理方法主要通过过滤、沉淀和吸附等来去除水中的悬浮物、浮游生物和有机物等杂质,需要有沉淀池、过滤器和活性炭吸附等装置。化学方法一般通过添加化学药剂来改变水的化学性质,从而使污染物发生沉淀或水解分解。生物方法则是利用活性污泥或生物膜等来降解有机污染物,实现水资源的净化和再生利用。

水资源净化技术包括污染物的监测与控制。对于水资源净化过程中的重要参数,如水中溶解氧、pH 值、悬浮物浓度和营养盐等,需要进行实时监测和调控,以确保净化效果的稳定和可靠。针对特定的污染物,如重金属、有机物和微生物等,需要进行相应的检测技术研究,以实现对它们的高效去除和降解。

二、水质改善技术

(一)水质状况及其影响

水质状况及其影响是水质改善技术研究的基础,只有全面了解水质问题的现状及其对环境和人类健康的危害程度,才能有针对性地采取有效的水质改善技术。

水质问题主要集中在以下几个方面。其一,工业废水排放导致水体重金属和有机物超标,给水资源造成严重污染。尤其是一些工业区域的废水直接排放到水体中,导致水体中含有大量的重金属、有机物和其他有害物质,超过了环境负荷能力,严重威胁到水质的安全。其二,农业面源污染是另一个主要问题。农业活动中使用的化肥和农药会通过径流和渗漏进入水体,污染水源。农田排灌水的过程中,还会带走土壤中的颗粒物和养分,进一步影响水质。其三,生活污水的排放也是造成水质问题的一大因素。城市生活污水中含有大量的有机物、肥料、重金属和微生物,直接排入水体会污染水源,对水生生物和人类健康构成威胁。

水质问题对人类和环境都造成了诸多影响。第一，污染的水源直接影响了人们的生活用水质量。如果水质不合格，直接饮用可能会导致各种健康问题，特别是某些有毒有害物质超标的情况下。第二，水体污染对水生生物的存活和繁衍产生了不良影响。一些污染物会导致水体富营养化、缺氧等，使得水生生物的生态环境受到破坏。第三，饮用或接触污染水源还可能引发皮肤病、呼吸道疾病等。

(二)水质改善技术研究

水质改善技术的目标是减少水体污染物的浓度，提高水的质量，从而实现水资源的可持续利用。相关人员针对不同的污染源和污染物类型，开展了一系列的水质改善技术研究。

针对工业废水，研究人员开发出了一种高效的水处理技术，即生物处理技术。这种技术利用活性污泥、藻类等生物来降解废水中的有机污染物和重金属离子，同时加溶解氧、调节酸碱度，达到将废水中有害物质转化为无害物质的效果。该技术具有处理效果好、运行成本低的优势，已在一些工业园区得到了成功应用。

针对农业面源污染导致的水质问题，研究人员通过开展农田管理技术的研究，提出了一系列的农业面源污染治理措施。例如，合理采用施肥技术，控制化肥和农药的使用量，并结合土壤改良手段，减少养分流失和土壤侵蚀，从而降低农田径流中的营养物质含量；利用植被修复技术，如河道湿地建设和植物带设置，吸附农业面源污染物，起到一定的治理作用。这些研究为农田污染治理提供了科学依据和技术支撑。

饮用水水源地的水质改善也是保护水资源的关键环节。研究人员开展了饮用水水源地保护与治理技术的研究，包括对水源地水质监测、源头保护、水质净化等方面的研究。为了保护水源地水质，研究人员还提出了一种新型的水质保护技术，即源头控制技术。该技术通过对水源地周边环境的管理和调控，限制污染源的排放，防止污染物进入水体，从而保证水源地水质安全。

三、节水灌溉技术

(一)节水灌溉的重要性

随着人口的增加和生产力的提高，农业用水需求逐年增加，同时全球各地也普遍面临着枯水期的水资源短缺问题。因此，开展节水灌溉技术研究和应用具有重要的现实意义。

节水灌溉的重要性在于能够有效地减少农业用水的浪费。传统农业灌溉方式往往存在着过量灌溉和不合理灌溉的问题,导致大量的水资源被白白浪费。而应用节水灌溉技术,不仅能够实现合理用水,节约用水,还能够提高灌溉效率,减少土壤水分损失,从而最大限度地减少农业用水的浪费。

节水灌溉的重要性在于能够实现地下水资源的可持续利用。农业灌溉往往会造成农药、化肥等有害物质随着灌溉水进入土壤和地下水,引发水质污染问题。而采用节水灌溉技术,如滴灌、喷灌等方式,不仅能够减少灌溉量,降低农药、化肥等物质的使用量,还能够减少灌溉水与土壤的接触时间,从而降低水质污染的风险,促进地下水资源的可持续利用。

节水灌溉的重要性在于能够提高农田的产量和经济效益。科学合理的节水灌溉技术能够提供精确的灌溉量,满足农作物对水的需求,提高农田的水分利用效率,保证农作物的正常生长发育。由于减少了农业用水的浪费,农民节省了成本,增加了经济效益。

(二)节水灌溉技术的研究内容

目前,对于节水灌溉技术的研究主要集中在提高灌溉效率、减少灌溉水量以及提高土壤水分利用等方面。

1.水分传感技术

通过在土壤中安装水分传感器,可以实时监测土壤含水量的变化,并根据监测结果进行智能灌溉控制。这种技术可以实现对灌溉量和频率的精确控制,避免了灌溉水量过大或过小的问题。例如,研究人员利用无线传感网络和自适应控制算法,将水分传感器与灌溉系统相连,实现了高效节水的精确灌溉。

2.滴灌技术

滴灌技术通过在农作物根系附近布设微喷头或滴灌管,将水分直接输送到植物根系区域,减少了灌溉水的浪费。采用滴灌技术,还可以精确调控灌溉水量和灌溉频率,使农作物能够得到适量的水分供应。研究表明,滴灌技术比传统的喷灌技术可以节水50%以上,同时能提高农作物的产量和品质。

3.基于土壤湿度预测的节水灌溉技术

该技术通过建立合理的土壤水分预测模型,预测未来一段时间内土壤的水分变化情况,并根据预测结果进行灌溉调度。通过采用这种技术,可以根据不同的气象条件和家农作物需水量,合理安排灌溉时间和灌溉量,有效避免了过量灌溉和频繁灌溉导致的水资源浪费。

(三)节水灌溉技术的应用与推广

在应用节水灌溉技术时可以通过合理的水分管理来实现水资源的高效利用。例如,通过定量测量土壤含水量,科学制定灌溉方案,根据农作物需水量和土壤水分状况进行精确灌溉,避免水资源的浪费和不必要的水量损失。适当控制灌溉水量和灌溉频率,还可以减少水分的蒸发和土壤的渗漏,进一步提高灌溉效率。

应用节水灌溉技术可以通过减少水质改善技术的需求来降低水污染的风险。在传统灌溉系统中,大量的水通过灌溉渠道和土壤渗漏到地下水,不仅浪费了大量的水资源,还可能将土壤中的营养物质和农药等污染物带入地下水。而应用节水灌溉技术可以提高灌溉的准确性和效率,减少水分的流失和渗漏,从而降低土壤和地下水被污染的风险。

在应用节水灌溉技术时可以通过综合利用雨洪来实现水资源的最大化利用。在干旱地区和缺水地区,经常会出现雨洪的情况,传统的灌溉系统无法有效地利用这些暴雨或洪水。而采用节水灌溉技术,可以通过设计合理的雨水收集系统,将雨洪收集起来用于农田灌溉等,以此最大限度地利用雨洪资源,提高水资源的利用效率。

四、雨洪利用技术

雨洪资源是指在雨水和洪水中蕴含的水资源。在城市环境中,由于大量的不透水面和排水系统的限制,雨水经常以径流形式流入河流和下水道中,导致水资源的浪费和水环境的恶化。因此,合理利用雨洪资源成为非常重要的课题。

雨洪资源的潜力取决于地区的降水量和径流系数。在某些地区,降水量较高,尤其是在雨季,雨洪资源的潜力巨大。相关统计数据显示,城市的雨洪资源通常可以满足部分水需求,尤其是非饮用水的需求。因此,充分利用雨洪资源可以有效缓解城市面临的水资源压力。

尽管雨洪资源的潜力巨大,但其利用面临着诸多问题与挑战。首先,由于城市地区的土地利用变化和水循环系统的破坏,雨洪资源水质不佳,使其包含大量的污染物和悬浮物。其次,由于缺乏雨洪利用的合理规划和设施,雨洪水存在集中排放和浪费的情况。最后,在雨洪利用的过程中,还存在着水资源调度和管理的问题,以及与城市基础设施、政府机构的协调问题。

为了充分利用雨洪资源,需要采用一系列的技术手段。首先,应采取雨洪水的收集和储存技术,包括建设雨洪储存池、雨水收集系统等。其次,需要采取雨水的净化和处理技术,通过采用一系列的处理设施和方法,去除水中的污染物和悬浮物。再次,通过雨洪资源的利用技术,如雨洪灌溉等,将雨洪水应用于农业、园林绿化等领域。最后,需要对雨洪资源进行管理和合理调度,建立完善的管理机制采取科学的规划措施,确保雨洪资源的合理利用。

第三节　生态恢复技术

一、植被恢复技术

(一)植被恢复的方法

植被恢复的方法包括适应性选择、综合植被配置、生态过程引导和持续动态管理。

适应性选择是指选择适合当地生态环境和土壤条件的植物物种进行恢复种植。不同地区的植被类型和生态环境各有特点,因此,在进行植被恢复时需要考虑当地的降水情况、温度条件、土壤类型等因素,并选择具有较强抗逆性和生长适应性的物种,以确保植物能够适应并生长良好。

综合植被配置意味着在进行植被恢复时要考虑多种植物物种的配置。通过合理组合不同类型和功能的植物物种,增强植被多样性,提高土壤固结性能,减少水土流失。例如,在山地区域,可以选择既能护坡又能保护土壤水源的乔木和灌木植物,同时配植一些具有较强抗旱能力的草本植物,以实现综合的植被配置效果。

生态过程引导是指通过植被恢复来引导和促进土壤有机质的积累、水循环的改善、生物多样性的增加等关键生态过程。例如,合理的植物配置和植物覆盖能够减少雨滴冲击力对土壤的破坏,从而减少水土流失。同时,选择一些富含土壤改良因子的植物物种,促进土壤有机质的积累和土壤结构的改善。

持续动态管理是确保植被恢复效果持久和稳定的关键。植被恢复后需要进行定期的养护和维护,包括水源补给、土壤改良、定期修剪、害虫防治等。持续动态管理保持植被的健康生长和实现良好的水土保持效果。

(二)植被恢复实例分析

1.山区植被恢复

某山区经历了长期的过度放牧和乱砍滥伐,导致植被严重破坏,土壤侵蚀严重。为了恢复该山区的生态系统,专家采取了下列步骤。首先,选择耐旱、耐寒、适应性强的植物物种,如沙柳、刺槐等,进行大面积的人工种植。其次,在种植过程中,采取了合理的排水措施并对土壤进行了改良,以改善植被的生存条件。最后,采取定期的监测和管理措施,确保植被的正常生长和演替。经过几年的努力,该山区的植被逐渐恢复,土壤侵蚀得到有效控制。

2.湿地植被恢复

某湿地受到了废水的污染,植被大量减少,湿地功能丧失。为了恢复湿地的生态功能,项目组采取了以下措施。首先,对废水进行处理,减少污染物的排放。其次,选择适宜的湿地植物,如芦苇、香蒲等,进行大规模的植被恢复。再次,通过改良湿地土壤和添加有机质,提高土壤的水分保持能力和养分含量。最后,进行定期的水质和植被监测,确保湿地的恢复效果和生态功能的实现。经过一段时间的努力,该湿地的植被逐渐复苏,生态系统功能逐步恢复。

3.沙漠地区植被恢复

某地区处于荒漠化的边缘,植被严重退化。为了改善该地区的生态环境,采用了多种技术手段。首先,开展了大规模的固沙林建设,选择了适应沙漠环境的植物,如柠条、沙柳及龙爪等,进行大面积的植树造林。其次,采用了人工补水的方法,构建水源和灌溉系统,保证植物的生存和生长。最后,利用生物技术,引入适应沙漠环境的微生物,促进土壤的改良和养分的循环。经过几年的努力,该沙漠地区的植被逐渐复苏,土壤质量得到了改善,荒漠化得到了有效遏制。

二、土壤动物和微生物恢复技术

(一)土壤动物恢复的重要性

土壤动物对土壤的形态结构、养分循环和生态功能的维持具有重要影响。首先,土壤动物通过其活动改善土壤的物理性质。例如,蚯蚓通过挖掘土壤来改善土壤松散度和透气性,使土壤更有利于植物根系生长。其次,在土壤养分循环中,土壤动物通过摄食有机质和死亡生物,促进有机质的分解和养分的释放,为植物的生长提供养分。最后,土壤动物还参与土壤生态功能的维持和调节,如控制害虫和病原微生物的种群数量、保持土壤养分的稳定供应等。

土壤动物恢复技术的重要性不言而喻。在生态环境受到严重破坏的地区,土壤动物数量和多样性大幅度减少,导致土壤质量下降,生态系统功能受损。因此,增加土壤动物的数量和多样性,可以恢复土壤的生态功能,提高土壤质量,促进生态系统的健康发展。

(二)微生物恢复的方法

其一,通过添加微生物来增强土壤中的微生物群落丰富度和多样性。这可以通过引入有益菌种、真菌或微生物菌剂来实现。例如,施加含有有益细菌和真菌的生物肥料,促进土壤微生物的恢复和生态功能的提升。这些有益菌种和真菌在土壤中繁殖生长,并与土壤中的其他微生物相互作用,形成良好的微生物网络,提高土壤的有机质分解和物质循环能力。

其二,调控土壤微生物活动的环境因素。例如,调控土壤湿度、温度和 pH 值等环境因素,可以创造有利于微生物生长和活动的环境条件,从而促进土壤微生物群落的恢复和功能的发挥。合理管理农田灌溉和施肥,减少农药的使用,也有助于减轻对微生物的抑制和损伤,为微生物恢复提供更好的生态环境。

其三,采取生物修复技术。利用具有降解能力的微生物(如有机污染物降解菌)进行生物修复,可以有效修复受污染的土壤,并恢复土壤微生物群落的结构和功能。这种方法的核心是利用微生物降解有害物质,使其转化为无害物质或低毒物质,从而减轻对土壤微生物的损害和抑制,为土壤微生物的恢复提供良好的环境条件。

其四,建立有机农业和生态农田。有机农业强调土壤有机质的循环和土壤生态系统的稳定性,有助于恢复土壤微生物群落的多样性和功能。生态农田则通过保护土壤生物多样性和生态过程,创造适宜的生境条件,为土壤微生物的恢复提供支持。

(三)土壤动物和微生物恢复技术的实践应用价值

在生态恢复技术中,土壤动物和微生物恢复技术被广泛应用,并取得了显著的成效。

土壤动物(如蚯蚓、蚂蚁、蜘蛛等)能够通过它们的活动改善土壤结构,增加土壤孔隙度,增强土壤的透水性和通气性,从而提高土壤的保水能力和抗洪排涝能力。此外,土壤动物还能促进土壤养分的释放和循环,加速有机物的分解,提高土壤肥力,并对抑制有害微生物的生长和传播起到一定的作用。

微生物(如细菌、真菌和放线菌等)能够分解有机物,促进养分的循环和转化,减少有害物质的积累,改善土壤质地与结构。此外,一些有益的微生物(如固氮菌、溶磷菌等)还能够提供植物所需的氮、磷等养分,促进植被的生长和恢复。

三、生态工程技术

(一)生态工程的基本理念

生态工程的基本理念在于通过模拟和改造自然环境,实现对生态系统的修复和保护。其核心思想在于尽量还原自然环境的生态功能,促进生物多样性的恢复和维持,以达到水土保持的目标。

生态工程注重生物多样性的保护与恢复。生物多样性是生态系统的基础,对于维护生态系统的稳定性和抵御外界扰动具有重要作用。生态工程在设计和实施过程中,注重引入和保护具有生态适应能力的物种,提高生物多样性水平,增强生态系统的稳定性。

生态工程倡导自然过程的模拟和再造。生态工程通过模拟和再造自然过程,引导和促进自然环境中的生态恢复和演化进程。例如,在水土流失严重的区域,可以采取植物覆盖恢复技术,选择适应力强的植物,建立植被覆盖系统,实现水土保持的目标。

生态工程强调生态系统提供的服务功能。生态系统不仅为生物多样性的保护和维持提供支持,还具有水源涵养、水质净化、土壤保持等生态服务功能。在实施过程中,生态工程注重利用生态系统功能,提高水土保持的效果。例如,利用湿地生态系统,既可以截留和净化悬浮物和污染物,又可以实现水源涵养和生态景观效益。

(二)生态工程的主要技术

生态工程主要依靠科学的工程技术手段,通过构建合理的生态系统,实现对水土资源的保护和恢复。生态工程技术的主要技术有以下几个方面。

1.湿地恢复技术

湿地的恢复可以通过人工构建湿地,人工湿地、人工沼泽等方式来实现。这些人工湿地的设计和建设旨在模拟自然湿地的生态,促进湿地植被的恢复和土壤水分的调节,从而提高水土保持的效果。

2.植被措施

合理的植被管理可以有效减少水土流失。常见的植被措施包括植被覆盖、护坡植被、退化植被修复等。选择植被要考虑到当地的土壤条件和水文特点,选用适应性强、根系发达的植物种类,同时进行适当的抚育和管理,以提高植被的生态功能和水土保持能力。

3.坡面治理和水域治理技术

坡面治理主要是通过改善坡面的土壤结构和水分状况,采取保水保肥措施,如覆盖材料、坡面改良等,来减缓径流速度,降低水土流失风险。

水域治理主要依靠构建生态水体,如湿地、人工池塘等,通过净化水质、改善水环境等方式,减少污染物的输入,提高水域的自净能力。

4.土壤改良技术

土壤是水土保持工程中的关键因素,可以通过添加有机肥料、保水剂等方式改良土壤,改善土壤质量和结构,提高保水保肥能力,增强土壤的抗冲刷能力和保持能力,从而减少水土流失。

5.水负荷控制

通过合理地设计水负荷控制措施,可以有效地减少水体对土壤的冲击和侵蚀。例如,可以采用划分水域、设置拦河坝、建立人工湖泊等方式,调节和分流径流水量,降低水体对土壤的冲刷和冲击力,提高水的滞留时间和沉降速度,从而实现水土保持的效果。

(三)生态工程在水土保持中的应用

生态工程作为一种综合性的技术手段,其主要目的是通过模拟自然生态系统的结构和功能,恢复和改善受损的生态系统,从而实现水土保持的目标。在水土保持的应用中,生态工程能够发挥多种效益。

生态工程技术的实际效果体现在改善土壤质量方面。采用合适的植物种植方式和土壤改良技术,能够增加土壤有机质的含量,改善土壤结构,提高土壤保水能力和保肥能力。例如,在植被恢复工程中,引入具有抗旱性和抗风性的植物,能够有效减少水土流失,并促进土壤的水分和养分累积。

生态工程技术的实际效果表现在生物多样性的增强上。生态工程的实施,有助于恢复和保护生态系统中的生物多样性。例如,广泛运用的土壤动物和微生物恢复技术,能够增加土壤中的微生物数量和生物多样性,促进土壤有机质的分解和养分循环,从而提高生态系统的稳定性和抗干扰能力。

生态工程技术在水土保持中的应用还体现在防治自然灾害、改善水质和促进生态环境的修复上。构建适合当地的生态工程项目,能够有效减少山洪、滑坡、泥石流等自然灾害的发生和影响。生态工程技术也可通过水生植物过滤等方式,净化水体,改善水质,为生态系统中的水生生物提供更好的生活环境。

第四节　水土保持监测技术

一、水土保持监测的重要性

(一)对社会经济发展的重要性

随着经济的快速增长和人口的持续增加,土地资源的压力不断加大,一系列与土地有关的问题也随之而来。如何在保证经济发展的同时确保土地资源的有效利用及生态环境的持续健康显得尤为重要。

水土保持监测能够帮助相关人员了解土地资源的现状和变化趋势,为制定合理的土地利用规划提供科学依据。通过监测土地的土壤侵蚀、水土流失、植被退化等指标,可以及时发现潜在问题并采取相应措施加以解决。这样可以确保土地的长期稳定利用,避免错误的土地开发和利用方式造成的后期困扰。

(二)对环境保护的重要性

环境保护是指保护和改善自然环境、维护人类生存和发展的一系列行为。水土保持与环境保护的关系不只是局限于土壤和水资源的保护方面,更涉及生态系统的健康与可持续发展。

采取合理的水土保持措施,防止水和风对土壤的侵蚀,能够保护土壤的肥力,维护农田的可持续生产力。同时,水土保持的一系列措施还能有效减少农业活动对水环境的污染,保护水质。这有利于维护生态平衡和提高生物多样性。

水土保持为环境保护提供了重要的支撑。通过防治水土流失、改善水土保持状况,水库、河道的淤积状况得到改善,河流更加畅通。这有助于减轻洪涝灾害的发生概率,提高水资源的有效利用率。此外,水土保持的一系列措施还能够减少土壤中的养分的流失,有效改善土壤环境质量,保护生态系统的健康。

通过对水土保持情况进行监测,可以及时了解和掌握土壤侵蚀、水资源的状况,为科学制定相关政策和采取相应措施提供基础数据和决策支持。同时,监测结果还可以评估和预测环境变化的趋势,及早发现和解决问题。这对于保护自然资源、维护生态平衡具有重要意义。

(三)对决策制定的重要性

水土保持监测为政府及相关决策者提供了可靠的数据和信息,用以制定合理的政策和做出科学决策,从而达到保护生态环境、促进可持续发展的目标。

水土保持监测结果对于制定水土保持政策具有重要参考价值。通过监测,工作人员可以了解地区的水土保持状况、生态环境变化等关键信息,为政府制定针对性的措施提供科学依据。例如,通过监测,可以明确受到了较大土地退化影响的区域,从而有针对性地实施相应的治理措施,以最大限度地保护土地资源。

水土保持监测可以帮助决策者及时掌握环境变化的趋势和态势,为政策制定提供支持。监测结果反映了水土保持工作的效果,对于评估相关政策的实施效果起到了重要的作用。在监测过程中,如果发现某项政策或措施并未取得预期效果,决策者可以及时调整策略,改善水土保持状况。

水土保持监测有助于提高政策的科学性和可操作性。监测结果可以帮助决策者深入了解土地资源的状况和变化趋势,从而更准确地指导相关工作的开展,提高决策的精准度和针对性。此外,水土保持监测还可以为政府提供资源合理配置和利用的建议,以确保资源的可持续利用。

二、水土保持监测的分类

(一)按监测目标分类

按照监测目标的不同,可以把水土保持监测分为水资源保护监测、土壤质量保护监测、植被保护监测及生物多样性保护监测。

水资源保护方面的监测主要关注水土流失的情况,以及水土保持措施的实施效果。通过监测水资源的变化,人们可以了解到水土保持工作的成效,为进一步改善和优化水土保持措施提供科学依据。

土壤是农业生产的基础,也是生态系统的重要组成部分。对于土壤的监测主要关注土壤侵蚀的情况,以及土壤肥力和结构的变化。通过监测土壤的质量状况,可以评估土壤的整体健康程度,及时采取措施保护土壤资源。

植被是固定土壤、减缓水土流失的重要因素,具有防风固沙、保持水源、稳定水土等作用。通过监测植被的状况,可以了解到植被的覆盖率、物种组成及植被的分布情况,可以评估植被的生态功能,为植被的保护和恢复提供科学依据。

生物多样性是维系生态平衡的基础,保护生物多样性对于维护生态系统的稳定和促进可持续发展具有重要意义。监测生物多样性的变化,主要关注生物种类的丰富程度、生物群落的结构和相互关系等。通过对生物多样性的监测,人们可以了解到水土保持措施对生物多样性的影响,为改善和优化保护策略提供参考。

(二)按监测范围分类

按照监测范围的不同,可以把水土保持监测分为小范围监测和大范围监测两种。小范围监测主要针对具体的水土保持工程或地区,旨在对局部区域进行详细而深入的监测分析。大范围监测则针对的是较大地理范围内的水土保持状况,以获取整体的水土保持信息。

小范围监测通常侧重于对单个水土保持工程的监测,这包括梯田、水库、河流堤岸等特定工程。它着眼于监测工程的运行情况、水土流失程度和水土保持措施的有效性。通过建立监测点和监测站,收集土壤侵蚀、水位变化、植被覆盖等数据,可以了解这些工程的维护水平及是否需要进行修复和改进。

相比之下,大范围监测的对象更为广泛,通常涉及整个区域的水土保持状况。大范围监测的目标是全面了解区域内土地利用变化、水土流失程度及植被覆盖情况等信息。利用遥感技术和地理信息系统(GIS)可以获取大范围的监测数据,从而进行可视化分析和趋势预测。这些数据不仅有助于科学评估土地资源的可持续利用状况,还可以为水土保持措施的规划和实施提供重要的参考依据。

需要注意的是,无论是小范围监测还是大范围监测,在监测范围的确定上都需要综合考虑实际情况和目标要求。对于小范围监测,需要选择合适的监测点位并确定监测频率,以确保数据的准确性和代表性。对于大范围监测,则需要选择合适的遥感数据源,并进行合理的数据处理和分析。同时,在监测过程中,还要根据监测结果及时调整和改进监测计划,以确保监测工作的有效性和科学性。

三、水土保持监测的内容

(一)土壤侵蚀的监测

土壤侵蚀是指自然因素或人为活动造成的土壤流失现象。土壤侵蚀不仅会导致土地资源的减少,还会对环境造成不可逆转的破坏。因此,在水土保持监测工作中,需要对土壤侵蚀状况进行监测。

土壤侵蚀的监测主要包括定量监测和定性监测两个方面。定量监测是通过测量和计算获取土壤侵蚀的数量和速率等指标,以定量描述土壤侵蚀的程度和影响。定性监测则是对土壤侵蚀的性质、类型、产生原因等进行分析和描述。

在进行土壤侵蚀监测时,常用的方法包括野外调查、实地观测、实验室分析等。野外调查是指通过采样和分析土壤的形态、组成、质地等了解土壤侵蚀的程度和类型。实地观测则是指通过长期观察和记录掌握土壤侵蚀的动态变化。实验室分析是指通过化学分析、物理指标测试等手段获取土壤侵蚀的定量数据。

在土壤侵蚀监测过程中,需要注意以下方面:首先,监测点的选择要具有代表性,能够真实反映区域的土壤侵蚀情况。其次,监测数据的采集要准确可靠,避免误差导致的监测结果不准确。最后,监测结果的分析要科学严谨,能够给出合理的结论和建议。

(二)水土流失的监测

水土流失是指水流和风力对土壤表面的冲刷和侵蚀,导致土壤流失和损失。水土流失是一种严重的土地退化现象,对农田、林地和草地等生态系统造成了巨大的危害。因此,需要对水土流失进行准确监测和评估。

水土流失监测主要涉及水流、土壤和沉积物的参数测量及不同尺度土壤侵蚀过程的定量分析。首先,通过测量水流的水位、流速和流量,可以了解流域内的水文变化情况,评估水流对土壤侵蚀的潜力。其次,需要对土壤进行采样分析,包括测量土壤质地、有机质含量、水分含量等指标,以评估土壤的侵蚀状况和脆弱程度。最后,需要对沉积物进行监测。通过测量、收集和分析不同地点的沉积物样本,可以了解水土流失过程中的沉积物输出情况,为土壤侵蚀的治理提供依据。

水土流失监测可以基于不同的尺度进行,从小尺度的区域到大尺度的流域,有不同的方法和技术可供选择。在小尺度上,可以利用土壤侵蚀公式、土壤侵蚀指数等模型来评估土壤侵蚀程度。这些模型基于土壤侵蚀的机理和参数,可以通过采集的数据和遥感技术得到准确的结果。在大尺度上,可以借助遥感和地理信息系统技术对土地利用、植被覆盖和土壤侵蚀等因素进行监测和分析。

水土流失监测可以结合实地调查和采样,通过样点布设和野外观测来获取更为详细和精确的数据。例如,可以在不同坡度和土地利用类型的小区域内设置样点,定期监测降雨、径流、土壤侵蚀等参数,以全面了解水土流失的情况;还可以利用气象站点和水文站点的数据,辅助监测和分析水土流失的过程和趋势。

在进行水土流失监测时,需要合理选择数据采集方法和监测指标,确保数据的准确性和可比性。此外,还需要结合土地利用规划和水土保持治理措施,及时评估和调整监测结果,为保护和恢复生态环境提供科学依据。

(三)水土保持设施的监测

水土保持设施是指为了防止水土流失和土壤侵蚀而建设的各种工程设施,如沟渠、坡面覆盖物、梯田等。监测水土保持设施的效果有利于评估和改进保护工程的有效性。该监测主要包括对设施建设过程的监测、对设施使用后效果的长期监测及对设施维护和管理的监测。

1.对设施建设过程的监测

在设施建设过程中,需要对施工质量和施工过程进行监测。这包括对工程材料的质量进行检测,以确保其符合相关标准和规范;对施工过程中的各项工作进行监督,如挖掘、填挖、覆土等。通过监测和评估施工过程,可以及时发现和纠正问题,确保水土保持设施的建设质量和效果。

2.对设施使用后效果的长期监测

为了评估设施的效果,可以采取定期观察和测量的方式。一种常用的方法是通过设置监测点,测量水土流失量、土壤侵蚀深度等指标,以了解设施的运行情况和效果。还可以使用遥感技术、地理信息系统等现代技术手段进行监测和评估。这些技术手段可以提供大范围和高精度的监测数据,为水土保持工作提供科学依据。

3.对设施维护和管理的监测

水土保持设施的长期运行离不开维护和管理,只有做好后期的维护和管理,才能保持其良好的效果。监测维护过程中的各项工作,如疏浚沟渠、补植植被等,以确保设施的正常运行和功能保持。同时,还需要定期评估设施的状况和维护效果,以便及时进行调整和改进。

(四)水土保持效果的监测

对水土保持效果进行监测可以帮助评估所采取措施的有效性及其对环境的影响,为进一步改进水土保持工作提供科学依据。

水土保持效果监测需要对水土流失情况进行评估。这可以通过测量不同时期内的水土流失量来实现。可以使用土壤侵蚀评估模型来计算土壤的流失量;还可以使用沟坡模型进行水流的模拟,进一步评估水土流失程度。这些评估结果将帮助人们了解水土保持措施实施的有效性和效果。

水土保持效果监测需要考虑水土保持设施的运行情况。水土保持设施包括草坪、林地、护坡等。监测水土保持设施的运行情况可以通过定期检查设施的完整性和稳定性来实现。例如,检查护坡是否出现塌方或滑坡,检查草坪的生长情况和覆土是否有松动,等。这些检查将帮助人们判断水土保持设施是否发挥了应有的作用,是否需要进行维修或改进。

水土保持效果监测需要考虑土壤的质量和生物多样性。土壤的质量可以通过测量土壤有机质、养分含量和土壤酸碱度等指标来评估;另外,还可以通过采集土壤样品进行微生物和土壤动物的分析,评估土壤生物多样性的情况。这些评估将帮助人们了解水土保持措施对土壤的改良效果和生态恢复情况。

水土保持效果监测还需要考虑植被覆盖情况。植被的覆盖对水土保持具有重要作用,可以减少水土流失和土壤侵蚀。因此,监测植被的覆盖情况可以帮助人们了解水土保持效果。可以通过定期测量植被覆盖率和植被密度来评估植被的恢复情况。同时,还可以观测植被的种类和物种丰富度,评估植被的多样性和生态功能。

四、水土保持监测的技术与方法

(一)数字化监测技术在水土保持监测中的应用

数字化监测技术的应用主要体现在全息系统、激光测距仪、无人机遥感、三维扫描仪等先进设备上。这些先进设备的应用能够提高水土保持监测的精度和效率。

数字化监测技术可以实现对水土保持状况的实时监测和动态分析。通过采集地表形态、土壤质地、植被覆盖等相关数据,并利用数字化监测技术对这些数据进行处理和分析,可以及时获取水土保持状况的信息。这种实时监测的能力使得监测人员能够更加及时地了解水土保持措施的实施效果,及时发现问题并采取相应的措施进行修复和改进。

数字化监测技术可以提供详细和全面的数据支持。传统的水土保持监测需要人工采集样本数据,工作量大且容易受到局限。数字化监测技术可以通过高精度仪器设备进行大规模数据采集,采集到的数据能够全面、准确地反映地表形态、土壤侵蚀、植被状况等方面的信息。这些详细和全面的数据能够为管理者制定水土保持措施和决策提供科学依据。

数字化监测技术能够实现监测数据的可视化。利用数字化监测技术采集的数据可以导入地理信息系统软件中进行处理和分析,以生成可视化的监测结果。这样的可视化呈现能够直观地展示水土保持状况的变化趋势和空间分布,帮助决策者更好地理解和分析监测结果,从而制订更加有效的管理方案。

数字化监测技术还具有自动化和高效性的特点。传统的水土保持监测需要大量的人力和物力投入,耗时耗力。数字化监测技术的应用实现了数据的自动采集、处理和分析,提高监测的效率和准确性。监测人员可以通过远程监测手段,实时获取监测数据,并对数据进行有效利用,为水土保持管理提供准确的支持。

(二)实地观测方法在水土保持监测中的应用

通过实地观测,研究人员可以直接获取土壤、植被、地貌等信息,有效评估和监测水土流失、地表侵蚀等问题,为水土保持工作提供准确的数据支持。

采用实地观测方法要针对不同的地质、地貌、植被类型定制监测方案。根据不同的监测要求,可以选择合适的实地观测方法。例如,对于不同类型的植被覆盖,可以采用样方调查法,选择代表性的样方进行植被调查,从而了解植被受损程度及对水土保持的作用。

采用实地观测就去要将定量数据和定性观察相结合。通过定量化的数据采集和分析,可以获得比较客观的监测结果,如土壤质地、地表覆盖率等。借助人工观察和专家经验,还可以获取一些定性的信息,如土壤的结构、植被的健康状况等。这些定性观察可以为监测结果的解释提供更多的细节和背景信息,增强数据的可靠性。

采用实地观测方法还要结合其他监测技术,如遥感和地理信息系统,提高监测的精度和效率。通过与遥感数据的比对分析,可以验证遥感结果的准确性,并获取更详细的观测数据。利用地理信息系统,监测人员可以将实地观测数据与其他空间数据进行整合与分析,实现全面的水土保持监测。

第四章　水土保持的应用实践

第一节　水土保持在农业生产中的应用

一、水土保持在旱地农业中的应用

旱地农业是指在降水稀缺的地区,依赖于自然降水进行农作物种植的一种农业方式。其主要特点有水资源匮乏、水分利用效率低、土壤干旱等。在旱地农业中,由于水分的不足,农作物的生长发育受到限制,导致产量波动性较大。因此,为了保证旱地农作物的正常生长,必须采取一系列切实可行的水土保持策略。

(一)旱地农业中的水土保持策略

在旱地农业中,应用水土保持措施旨在提高土壤保水能力,改善土壤质量,降低水土流失风险,并最大限度地利用有限的水资源。以下是一些重要的水土保持策略。

1.采用节水灌溉技术

采用滴灌、喷灌等方式可以将水直接送达植物根部,减少水分的蒸发和流失。此外,精确灌溉技术也可以根据农作物的需求,精确控制土壤的湿度,避免过度灌溉和浪费水资源。因此,采用节水灌溉技术可以有效提高水资源利用效率,降低水土流失的风险。

2.选择适合旱地农业的植物品种

在干旱地区种植适应性强、耐旱能力较强的作物品种,可以降低植物对水资源的需求,减少水分的蒸发和损耗。例如,选择抗旱的小麦品种、沙漠植物等,可以提高农作物的适应能力,减少水土流失的风险。

3.采取适当的土壤管理措施

保持土壤覆盖可以减少水分的蒸发和降低土壤侵蚀的风险。采用覆盖农作物残体、添加有机物质等方式,可以改善土壤结构,增加土壤有机质含量,提高土壤保水能力。采取合理的耕作方法,如深翻犁、保持耕层松散等,可有效降低水土流失和风蚀的风险。

4.定期监测和评估水土保持措施的效果

通过持续监测和评估,可以及时发现水土流失的风险,并采取相应的措施进行调整和改进。同时,了解水土保持措施的效果还可以为决策者提供科学依据,以制定更加精准的政策和采取更科学的措施,更好地促进旱地农业的可持续发展。

(二)水土保持对旱地农业的影响

水土保持措施的实施可以有效提高旱地农业的生产力。通过采取合理的雨水收集和利用措施,可以在雨季将水资源储存起来,以便在旱季进行灌溉,从而保证农作物的正常生长。其次,采用合理的耕作方式,如保护性耕作、覆盖耕作等,可以减少土壤水分的蒸发和流失,提高土壤水分的利用效率,进而增加农田的产量。

水土保持对旱地农业的影响也体现在土壤改良方面。由于旱地农业长期受干旱和土壤侵蚀的影响,土壤质量通常较差,容易出现土壤贫瘠和退化现象。而实施水土保持措施,如绿色覆盖、有机肥料施用等,可以改善土壤结构,增加有机质的含量,提高土壤的保水能力和肥力,从而为农作物提供更好的生长环境。水土保持还可以降低土壤侵蚀的程度,减缓土壤质量的下降速度,维护和恢复土壤的持续利用能力。

在旱地农业中采取合理的水土保持措施还对生态环境的保护和改善有着积极的作用。旱地农业往往处于生态脆弱区域,生态环境破坏的风险较高。实施水土保持措施可以减少土壤侵蚀,保护水源涵养能力,维护地表水和地下水的供水功能。同时,还可以保护和增加植被覆盖,提供生物栖息地,促进生态系统的稳定和恢复。

二、水土保持在灌溉农业中的应用

(一)灌溉农业的特点

灌溉农业具有高效利用水资源的特点。灌溉农业采用人工给予植物所需水分的方式,可以有效避免干旱期间农作物的枯萎和减产情况的发生。合理的灌溉系统可以根据农作物的需水量进行准确供水,避免浪费水资源,提高了水资源利用效率。

灌溉农业具有提高土壤肥力的作用。灌溉系统中的水分可以养分可以被迅速输送到农作物的根部,促进农作物的生长发育。灌溉还可以使土壤中的肥料更好地被溶解和吸收,有效提高土壤养分利用率,进而提高农作物的产量和质量。

灌溉农业能够减少自然资源的浪费。合理的灌溉管理可以避免水分的流失和土壤的侵蚀,减少水资源的浪费。灌溉农业还可以减轻自然环境的压力,避免自然气候不稳定导致的农业生产的不确定。

灌溉农业有利于降低农业风险发生的概率。干旱等气候灾害给农业生产带来了巨大的挑战,而灌溉农业可以通过补充水分降低农作物受干旱影响的风险。通过提供稳定的水源,灌溉农业可以更好地确保农作物的生长和发展,从而保持农业产量和农业收益。

(二)灌溉农业中的水土保持策略

1.合理规划灌溉设施和排水系统

在灌溉农业中,需要确保灌溉设施的科学布局,以最大限度地利用水资源。要避免过量灌溉和水分浪费,以免造成土壤的水盐化和水资源的浪费。在排水系统方面,需要建立健全的排水系统,及时排除积水,避免土壤水分过度积聚,导致土壤结构松散,从而发生土壤侵蚀现象。

2.合理选择农作物品种和种植模式

在灌溉农业中,要根据当地的土壤环境和气候条件,合理选择农作物品种。耐旱性强、抗病虫害能力高的农作物品种更适合在干旱地区种植并采取灌溉农业方式。结合蔬菜、水果等农作物,可以实现农作物的轮作和间作,以减轻土壤的连续耕作压力,并改善土壤质量。

3.治理农田的水土流失

在灌溉农业中,农田水土流失是一个常见的问题,它会导致土壤质量下降,水资源浪费。因此,需要采取措施,如建立防护林带、构筑农田防护墙等,减轻水流冲击和土壤侵蚀。另外,采用合理管理地面覆盖、保持耕层覆盖、合理施肥等措施,也能够降低土壤侵蚀的风险,保护农田的水土资源。

(三)水土保持对灌溉农业的影响

水土保持可以有效降低灌溉农业中的水资源利用率。合理规划和设计灌溉系统,可以减少水资源的浪费和淋溶现象的发生,提高水的利用效率。此外,搭建防渗渠道、修筑水库、构建水文观测系统等水土保持措施,可以减少灌溉用水中的蒸发,进一步提高水资源的利用效率。

水土保持有利于灌溉农业中的土壤保育、肥力保持。在灌溉农业中,土壤容易因为太湿或者太干而发生结构破坏和侵蚀现象,导致土壤质量下降。采取水土保持措施,如设置合理的农田排水系统、保护性耕作等,可以有效保护土壤,减少土壤侵蚀,保持土壤肥力,从而提高农作物的产量和品质。

水土保持在灌溉农业中还能够改善土壤结构和通气性。在灌溉过程中,土壤受到水分的浸润和浇灌,如果没有采取相应的措施,容易发生坍塌、结壤等现象,导致土壤质地不适宜农作物根系生长,进而影响植物的吸水和养分吸收。采取水土保持措施,如搭建排水设施、改良土壤结构等,可以改善土壤通气性和水分保持能力,为植物提供良好的根系生长环境。

三、水土保持在林业中的应用

(一)林业的特点

林业具有良好的生态功能。森林作为地球上最重要的生态系统之一,不仅能固定大量的二氧化碳,减缓气候变化,还能为生物多样性提供保护。

林业在保护水源方面功能强大。森林极为重要的一项功能就是护水,它可以有效降低水土流失和水污染的风险。

林业有利于土壤保持。森林植被的根系能够固定土壤,降低水土流失的风险,同时也能提供有机物质,改善土壤质量。

林业有利于生态修复和生态建设。在自然灾害发生和人为破坏自然环境后,林业能够通过植被的恢复和生态系统的重建,实现自然环境的修复和改善。

(二)林业中的水土保持策略

1.合理的造林规划和立地选择

在选择适宜的立地条件时,需要考虑土壤类型、坡度、高程等因素,以确保树木能够生长良好,并且能够有效地保护土壤。合理的造林密度和树种选择也能够对水土保持起到积极的作用。较高的密度和选择深根植物能够增强土壤结构的稳定性,降低水土流失的风险。

2.科学的经营管理

定期进行抚育和修枝,及时清理病虫害及采取必要的疏伐措施,能够促进森林的健康发展,减轻土壤对水资源的过度消耗。适时的选择性采伐和林业火灾防控也是关键的水土保持策略。合理的采伐控制能够维持林地的生态平衡,降低土壤侵蚀和水土流失的可能性。

3.植被的恢复与重建

引种和恢复本土化植物,以及采取自然恢复的措施,能够增加土壤的覆盖率,增强土壤的保水能力,降低水土流失的风险。合理地修建生物工程措施,如梯田、堤坝及小型拦蓄水工程等,可以进一步改善林地水土保持的状况。

(三)水土保持对林业的影响

水土保持措施的实施不仅有助于保护土壤,减少水土流失,还能够改善林地的生态环境,促进森林资源的可持续利用。

水土保持对林业的影响也体现在它能够有效地减少水土流失,保护土壤。林地的水土保持工程包括建立坡面防护措施、植被覆盖和防风固沙等。这些措施能够有效地减少林地的水土流失,防止降雨等自然因素造成的土地侵蚀现象。水土保持措施的实施能够减少水土流失,保持土壤结构的完整性,提高土壤肥力,为林木提供良好的生长环境。

水土保持措施能够改善林地的生态环境,维持生物多样性并促进其发展。采取植被覆盖、建立防护林带等措施,能够增强森林植被的丰富性,为各种生物提供丰富的栖息地和食物来源,使林地成为多种植物和动物的栖息地。与此同时,水土保持还能够保护和改善水源地的环境,提供清洁的水源,维持生态系统的平衡和稳定。

水土保持对林业的影响还表现在促进森林资源的可持续利用上。水土保持措施能够有效地保护森林资源,防止其遭受破坏和被过度利用。实施水土保持措施,可以保护林木的生长环境,促进林木的健康生长,提高林木的产量和质量。同时,有效的水土保持措施还能够实现林地经济效益与生态效益的统一,实现林业的可持续发展。

四、水土保持在草地农业中的应用

(一)草地农业的特点

在农业生产方式方面,首先,草地农业以种植和利用草地植物为主要经营对象,与传统的农作物种植相比有着显著的区别。其次,草地农业往往以牧草的种植和生产为主要目标,旨在提供充足的饲草资源以满足畜牧业的需求。最后,草地农业对土地的要求较低,适应性广,在一些不适合传统农作物种植的地区有着重要的经济和生态价值。

在生态方面,草地作为一种生态系统,具有良好的土壤保持能力和水资源调节能力。草地植物具有丰富的根系系统,能够有效地抓牢和保护土壤,降低水土流失的风险。此外,在草地植物的生长过程中,其能够吸收土壤中的养分和水分,起到净化水质和保护水资源的作用。

在经济方面,草地农业有着广泛的应用价值。草地植物种类繁多,能够提供丰富的饲草资源,满足畜牧业养殖的需求。同时,草地农业也为生态旅游和草地生态产品的开发提供了基础。草地农业的发展还可以促进当地经济的增长,提高农民的收入。

在生态环境保护方面,草地植物的生长能够减少二氧化碳的排放,对缓解温室效应和气候变化具有积极的影响。此外,草地农业能够改善土地的固碳能力,降低土地退化的风险,并为延缓土地沙漠化提供保障。

(二)草地农业中的水土保持策略

合理规划农田的布局和设计,避免破坏草地自然的地形和地势。可以通过合理的地域划分、坡度安排等手段,降低水流速度和降低土壤侵蚀的风险。

选择适宜的草地植被。针对不同的地形和土壤条件,选择适应性强的草种,以有效改善土壤结构,增强土壤的持水能力,减少水分蒸发和土壤流失。

合理管理水资源。控制灌溉水量,避免过度灌溉导致水分表层蒸发及土壤侵蚀。通过合理的排水系统和水源保护措施,确保排水系统的顺畅和水资源的可持续利用。

此外,还要注重科学施肥和采取草地保护措施。合理施肥可以提高土壤肥力,增强农作物生长能力,从而增强水土保持能力。同时,采取合适的人为干预措施,如定期修剪草地、预防和控制害虫等,可以降低灾害发生的风险,保护草地农业生态系统。

(三)水土保持对草地农业的影响

水土保持可以有效地防止土壤的侵蚀和水源的污染。采取适当的措施,如建立植被覆盖、设置护坡、修建沟渠等,可以减少水土流失和土壤侵蚀现象,进而维持水源。

水土保持有利于促进草地农业的持续发展。草地农业往往需要长期的经营和管理,而水土保持措施的实施可以保持土壤的稳定性和质量,从而提高草地的生产力。例如,合理控制放牧强度,避免过度放牧造成土壤贫瘠和植被退化;通过补充适量的有机肥料和进行合理的轮牧路径规划,可以保持草地的生态平衡,提高草地农业的经济效益和环境效益。

水土保持有利于草地生态系统的恢复和生物多样性的维护。草地农业是一种生态友好型的农业模式,对于维护生态平衡和保护生物多样性具有重要意义。通过保护草地的生态系统,可以保持和恢复野生动植物的栖息地,并发挥更多的生态服务功能,如气候调节、水源涵养等。同时,水土保持也可以减少农业活动对土壤和水资源的负面影响,从而确保草地生态系统的健康和可持续发展。

第二节　水土保持在水利工程建设中的应用

一、水土保持在水库建设中的应用

(一)水库建设中的水土保持概念

在水库建设中,水土保持是指通过采取一系列措施,保护水库周边的土壤、植被和水资源,预防水库淤积、水土流失等问题,维护水库生态环境的稳定性。

(二)水库建设中水土保持的方法

为了保护水库周边的水土资源,有效减少土壤侵蚀和水库淤积,应当采用综合性的水土保持方法。下面介绍几种常用的方法。

1.种植和培育植被

通过植被的种植和培育,可以增强水库周边土壤的保持力,并且植被在降雨过程中能够起到拦截雨水、减缓降雨冲刷的作用。植被的扎根能够结实土壤,有效抵御水流的侵蚀。植被还能够吸收和挥发水分,减少水库的蒸发量,保持水库水位的稳定。

2.适宜的土地利用方式的选择

选择合适的土地利用方式,如建设湿地、林地和农田等,能够有效地增强水库周边土地的保湿能力和稳定性。合理安排土地利用功能区、合理规划土地利用结构,可以减少土壤侵蚀,保持水库流域的整体生态平衡。

3.水库附近的坡面管理

在坡面管理中,应当采取措施防止土壤侵蚀,并加强坡面的固化。例如,修筑适当的排水沟和防护墙,降低坡面的坡度以减缓水流速度,增强坡面的稳定性。此外,还可以通过合理的梯田、沟槽和阶梯式的坡耕地设计,有效防止坡面水土流失。

4.合理的水库运行管理

合理调节水库的蓄水量和放水量,可以有效控制水库的水位,减少水库溢流造成的水土侵蚀。同时,要科学规划和管理水库周边的农业灌溉活动,防止过度使用水资源和化肥农药,减少对水库水质和土壤的污染。

(三)水库建设中水土保持的效果分析

在水库建设中,采取合适的水土保持措施可以有效减少水库填充物的淤积量。合理划定水库周边地区的保护区域,并采取植被覆盖、固土、护坡等技术手段,能够有效减少土壤侵蚀,减少输入水库中的泥沙。研究表明,实施水土保持措施后,水库的淤积速度显著减缓,有效延长了水库的使用寿命。

在水库建设中,水库周边的水土保持工作可以改善区域的生态环境。采取合适的植被恢复措施,能够促进植被的生长,增加植被覆盖率,从而有效减少水土流失和土壤侵蚀。合理设置生态缓冲带,增加植被的多样性,不仅能够提供生物多样性保护的生境,还有助于保持水库周边生态系统的稳定性。

在水库建设中,水土保持措施的实施还可以降低水库周边地区的洪水风险。合理的水土保持规划和措施的实施,能够防止径流的快速增大,降低河道流速,有效缩小洪水的波及范围并减少洪灾的发生概率。有效的水土保持措施还可以通过土壤吸水和保持水源补给进一步提高水库的蓄水能力和水资源的利用效率。

二、水土保持在河岸防护工程中的应用

(一)河岸防护工程中的水土保持概念

河岸防护工程是为了保护河岸免受水流侵蚀和冲刷而进行的一系列工程措施。其中,水土保持作为河岸防护工程的组成部分,旨在通过采取有效的措施减少水流冲刷和侵蚀对河岸的损害,维护河岸的稳定性和完整性。

在河岸防护工程中,水土保持的概念强调在保护河岸的过程中同时兼顾水和土壤资源的保护。水和土壤是河岸防护工程的基本要素,两者之间密不可分。因此,在河岸防护工程建设中,必须充分认识水土保持的概念,将其融入工程设计和施工中。

河岸防护工程中的水土保持概念体现在以下几个方面。首先,要重视水的作用。水是造成河岸被冲刷和侵蚀的主要因素之一。应该采取措施控制水流速度和水流量,减少对河岸的冲刷和侵蚀。其次,要注重土壤的保护。土壤是河岸防护的基础,它的稳定性直接影响着河岸的抗冲刷能力。因此,需要采取有效的措施保护土壤免受水流冲刷,如植被覆盖、坡面保护等。最后,要关注水土保持与生态环境的协调。在建设河岸防护工程时,必须注意保护生态环境,减少对生态系统的影响,促进生态与经济的可持续发展。

只有充分认识到水土保持的重要性,并将其贯彻到实践中,才能有效地保护河岸,减少水流对河岸的侵蚀和冲刷,维护河岸的稳定性和完整性。因此,在建设河岸防护工程时,必须充分理解水土保持概念,并采取相应的技术方法,确保工程的效果和可持续发展。

（二）河岸防护工程中水土保持的方法

1. 使用护坡

护坡工程的目的是通过建立稳定的坡面来减缓土壤被侵蚀和土壤流失的速度。常见的护坡材料包括土工合成材料、植被和石材等。土工合成材料具有良好的抗侵蚀性能，能够有效地抵御水流冲击和土壤侵蚀。植被不仅能够增强土壤的抗侵蚀性，还能够吸收雨水和增强土壤的稳定性。石材的使用可以进一步增强坡面的稳定性，防止土壤流失。

2. 选择合适的植被覆盖

植被覆盖不仅可以改善土壤的结构，增强土壤的稳定性，还可以吸收水分，减小水流的冲击力。在选择植被时，需要考虑植物的根系是否深厚、抗洪能力是否强等因素。一些具有较深根系的植物（如柳树和橡树），能够稳固土壤并吸收水分，从而降低水土流失的风险。

3. 合理布局截洪沟和沟渠

截洪沟可以有效地减少外部径流冲击和侵蚀。沟渠的建立有助于引导水流，避免水流进入河岸，从而降低水土流失的风险。合理设计并精确布局截洪沟和沟渠，可以最大限度地减少洪水对河岸的冲击，保护其稳定性。

（三）河岸防护工程中水土保持的效果分析

水土保持能够减少河岸侵蚀和土壤流失的发生。在河岸防护工程中，采取合适的水土保持措施，如植被覆盖、建立护岸结构等，能够有效阻止水流对河岸的冲刷和侵蚀，减少土壤的流失。水土保持措施能够减少河岸土壤的流失，保持河岸的稳定性和完整性。

水土保持对河岸防护工程的环境保护具有重要意义。在河岸防护工程中，水土保持能够促进生态系统的恢复和保护。通过合理的植被恢复和保护，水土保持能够提供多样性的生物栖息地，维持生态平衡。采取合理的水土保持措施，还能够过滤和净化来自河流的污染物，改善水质，从而维护生态环境的健康。

水土保持还对河岸防护工程的经济效益具有积极影响。采取一定的采取水土保持措施,可以减少河岸的维护和修复成本。水土保持能够有效地保护河岸的完整性和稳定性,避免河岸防护工程的损坏和退化,从而节约后期的修复和维护费用。水土保持还能够增强河岸防护工程的可持续性,延长其使用寿命,为社会和经济发展提供持久的支持。

三、水土保持在灌溉工程中的应用

(一)灌溉工程中的水土保持概念

灌溉工程中的水土保持是指通过采取一系列措施和技术手段,保护和改善灌溉系统中的土壤和水资源,以实现高效且可持续的灌溉。在灌溉工程中,水土保持的概念涉及如何合理利用水资源、保护土壤和环境,以及提高农田的产量和水资源的利用效率。

灌溉工程中的水土保持需要注重水资源的合理利用。由于灌溉工程需要大量的水资源,因此在灌溉过程中,必须合理安排和利用水资源,避免浪费。这可以通过采用节水灌溉技术来实现,如滴灌、喷灌等技术,这样可以减少灌溉水量的损失,提高水资源的利用效率。

灌溉工程中的水土保持要注重土壤保持,这包括防止土壤侵蚀和保持土壤水分。土壤密植、草坪覆盖和草坪疏松等措施可以有效地防止土壤侵蚀,保护农田和灌溉系统的稳定性。保持土壤水分可以通过覆盖草坪或进行地下灌溉等手段来实现,这样可以减少水分的蒸发,避免土壤干燥,提高灌溉水的利用效率。

(二)灌溉工程中水土保持的方法

在灌溉工程中,为了减少灌溉活动造成的土壤侵蚀和水资源浪费,需要采取一系列的方法来实施水土保持措施。

1.植被覆盖

通过在灌溉区域内种植各种适应当地气候和土壤条件的植物,可以有效地防止土壤侵蚀并保持水分。植物的根系可以固定土壤,并且叶片的覆盖可以降低土壤表面的水分蒸发。

2.利用防渗层

在灌溉渠道和水库中使用防渗层材料,可以有效地阻止水分的渗漏和浸透,提高水利用效率。通常,可以采用地膜覆盖、混凝土罐和土壤密封等方法来实现防渗层的构建。

3.采用合理的施肥技术

科学调整肥料的类型和施用量,并结合灌溉的时机和方法,可以减少农田肥料的流失和对土壤的冲刷。合理施肥还可以提高植物的抗逆性和生长能力,进一步保护土壤和水资源。

4.加强对水资源的管理和监测

通过建立灌溉区域的水资源管理机构,制定相关的管理政策和规范,可以实现对水资源的合理分配和利用。同时,定期对灌溉工程进行监测和评估,及时调整和优化水土保持措施,可以进一步提高水土保持的效果。

(三)灌溉工程中水土保持的效果分析

通过对灌溉工程中水土保持的效果进行分析,可以评估其对土壤保持、水资源利用和农田生产的影响。

灌溉工程中的水土保持能够有效地减少土壤侵蚀。通过合理设置灌溉设施、控制灌水量和灌溉频率,可以避免水量过多引起的水槽冲刷和土壤剥蚀。在灌溉过程中采取覆盖技术,如覆盖农膜、秸秆等,可以有效地减少水分蒸发和土壤风蚀,保持土壤湿度和结构的稳定性,从而减少土壤侵蚀的发生。

灌溉工程中的水土保持有利于土壤肥力的保持和提高。合理灌溉可以避免土壤过度干燥或过度湿润,使土壤湿度保持在适宜范围,有利于微生物活动和养分的释放和吸收。在灌溉过程中应注重养分的合理利用和管理,如减少水分和养分的流失,以及采用滴灌、淋洗等技术手段,这样可以提高土壤的肥力和农田的产出。

灌溉工程中的水土保持还可以改善农田的土壤结构和质地。通过灌溉水的均匀分布和渗透,土壤的通气性和排水性得到了改善,土壤的板结和硬化现象也大大减少。在水土流失较为严重的地区,可以采取梯田灌溉和阶梯式灌溉方式,以减缓水流速度和冲击力,这样有利于土壤的保持和再生。

灌溉工程中的水土保持也与环境保护密切相关。合理利用水资源、减少水的浪费,以及减少灌溉对地下水和水源保护区的影响,可以保护水生态环境和维护生态平衡。另外,充分考虑灌溉工程对生态环境和水质的影响,采取相应的环境保护措施和处理技术,也是灌溉工程中水土保持的重要内容。

四、水土保持在水力发电工程中的应用

(一)水力发电工程中的水土保持概念

水力发电工程中的水土保持旨在减少或防止水库泥沙淤积,保护水生态环境,并提高水力发电效率。在水力发电工程中,水土保持既包含对水库周边土地的保护措施,也包括对水库内部土壤的保护措施。

水库建设往往需要占用大量土地,而这些土地又往往是农田或林地,因此在建设水库前后,必须采取有效的水土保持措施,以减少土壤侵蚀和水库淤积的问题。这可以通过采取合理的植被保护措施、建设护坡、设立过水设备等方式来实现。水库建设还需要进行土地复垦和植被恢复,以减少对周边生态环境的影响。

水库内部土壤的保护对于减少泥沙淤积、延长水库寿命及提高水力发电效率至关重要。在水库兴建过程中,应采取相应的技术措施,如确定合理的水库布置和坝型、采取防止泥沙输移的措施、进行合理的水库泄洪等。在水库管理过程中,还需定期进行淤积量测量和泥沙冲刷情况监测,并采取相应的维护和清淤措施。

(二)水力发电工程中水土保持的方法

为了保护水库周边的土壤和水源,降低水库的淤积速度,有效利用水资源,提高水库的运行效率,需要采取一系列的水土保持方法。

1.植被绿化

通过植被的引种和培育,可以有效地降低土壤的侵蚀速度,提高土壤的保水保肥能力。选择适宜的植被种类,如草本植物或乔木,在水库周边进行种植,形成绿色护坡。这不仅能够保护土壤,还可以美化水库周边的环境,提升景观价值。

2.河岸护坡

在水库周边的河岸区域进行护坡工程建设,可以有效地防止水库泥沙淤积及河岸侵蚀等问题的发生。常用的护坡方式有石块垫铺、混凝土块设置等。这些措施能够增强河岸的稳定性,防止水库水位上升导致的土坡坍塌,保障水库的安全运行。

3. 渠道堰坝的设置和泥沙排除

设置渠道堰坝,可以控制水流的速度和方向,减少对河床和土壤的冲刷侵蚀。同时,科学合理地进行泥沙排除,可以有效降低水库的淤积速度,有助于充分发挥其水利功能。

在水力发电工程中采用这些水土保持方法,可以保护水库周边的土壤和水源,减少泥沙淤积,提高水库的运行效率。这不仅对水力发电工程的可持续发展具有重要意义,还能够保护生态环境,提高水资源的综合利用效益。

(三)水力发电工程中水土保持的效果分析

水力发电工程中的水土保持能够有效减少土壤侵蚀。水库建设涉及大量的土方工程和水流变化,若缺乏水土保持措施,易导致土壤的大规模侵蚀。采用适当的水土保持方法,如林草植被覆盖、梯田建设、坡面防护等,能够显著减少土壤的流失,维护水库周边的生态环境。

水力发电工程中的水土保持能够减轻对河岸的冲刷力。河岸冲刷是水流冲击河岸造成的一种自然现象,若不采取水土保持措施,会引发河道淤积、河岸坍塌等问题。通过采用适当的河岸防护措施,如植被覆盖、堤坝加固、护坡建设等,可以有效减少水力冲击,减轻河岸冲刷的程度,并保护河道的稳定性。

水力发电工程中的水土保持能够改善水源地的水质。水力发电工程常需利用水库储存大量的水资源,若水库周边水土失去保护,会导致水质受到污染。采取适当的水土保持措施,如植被恢复、湿地建设、沉淀池设置等,可以净化水源地的水质,保障水库蓄水的质量和可持续利用。

水力发电工程中的水土保持有助于促进工程的可持续发展。水力发电工程涉及长期的水资源控制和管理,若不重视水土保持,易导致长期的环境问题和工程效益的下降。加强水土保持工作,能够维护水力发电工程的稳定运行,延长水库寿命,保障水电资源的可持续利用,对经济和社会发展具有重要意义。

第三节　水土保持在园林工程中的应用

一、园林工程中的水土保持技术

(一)技术原理与方法

在园林工程中应用水主保持技术的目的是,在保护土壤免受水流冲刷和侵蚀的同时,维护园林景观的美观与可持续性发展。下面将详细介绍园林工程中水土保持技术的原理与方法。

水土保持技术的核心原理是通过控制水流的速度和方向,减少水土流失的风险。其中,一种常见的方法是构建适当的水流引导系统和排水系统。例如,利用落水口、排水沟等设施,可以有效地引导雨水和地表水流入合适的位置,降低水流冲刷的影响。

水土保持技术依赖于种植适宜的植被。植物的根系可以紧密地固定土壤,形成一种自然的护坡措施。植物生长茂盛也可以起到遮阴的作用,减缓水流的速度,从而降低水土流失的风险。因此,在园林工程中,应选择与景观设计相协调的植被种类,并合理设计植物的布局。

(二)技术应用现状

园林工程中水土保持技术的实施旨在防止水土流失、保护土壤和水源,从而保持园林景观的稳定性和可持续性。当前,园林工程中水土保持技术的应用现状呈现出以下几个方面的特点。

水土保持技术在园林工程中得到了广泛的应用。随着人们环境保护意识和可持续发展意识的增强,水土保持技术被越来越多地应用于园林工程中。不仅在公园、花园等传统的园林项目中得到应用,在城市绿地、景观道路等新兴的园林项目中也得到了重视和应用。园林工程中的水土保持技术已经成为保障园林景观质量的重要手段。

在园林工程中,水土保持技术的应用方法多种多样。根据具体情况与需求,可以采取种植覆盖、建立固土结构、设置水保护设施等措施来实施水土保持。以种植覆盖为例,可以选择不同种类的植物,如草本植被、灌木、大树等,根据密度和布局来防止水土流失,达到保护园林土壤的目的。

水土保持技术在实践中不断发展与创新。随着科技进步和园林工程的不断发展,水土保持技术也在不断创新与完善。例如,遥感技术、地理信息系统等现代技术的引入,可以更精确地评估和监测水土流失的程度,从而及时采取措施来保护土壤和水源。还有一些新的水土保持技术正在逐渐应用于园林工程中,如水土保持植被墙、雨水收集系统等。这些新技术的应用给园林工程中的水土保持带来了新的突破与发展。

二、水土保持与园林景观设计

(一)景观设计的水土保持功能

景观设计通过合理的植被配置和构造布局,在园林工程中起到了保护土壤的作用。选择适宜的植物种植,能够增加植被的根系密度,并形成覆盖土壤的植物地被,减少暴雨对土壤的冲刷侵蚀。合理设置植物的根系深度和结构,有助于增强土壤的保水能力,减少水土流失,提高土壤的稳定性。

景观设计在水土保持中发挥着导流分流的作用。合理设置地形、布置硬质和软质景观构造物,能够引导雨水在园林工程中按规划的路径流动,减少雨水的聚集,降低水流的速度,从而减轻水的冲刷和侵蚀对土壤的损害。合理设置排水系统,能够将雨水有效地引导至汇水点,避免积水和滞留,提高地表的排水能力,进一步保护和改善土壤环境。

景观设计通过创造生态环境,为土壤提供了更好的保护。合理设置湿地、水生植物等景观要素,能够增加土壤中的湿度,并吸收和过滤降雨中的污染物,改善土壤的质量。湿地和水生植物也能够提供栖息地和食物来源,为生态系统中的生物多样性提供良好的条件,保护生物种群的稳定和繁衍。

景观设计在水土保持中注重与人的互动和体验。设置雨水花园、溪流、水池等景观元素,能够增加园林工程的观赏性和趣味性。人们在参观园林工程时,不仅能够欣赏自然景观,还能够感受到自然的变化和魅力。这样的设计不仅充实了人们的精神文化生活,也提高了他们对自然环境保护的认知和意识。

(二)水土保持在景观设计中的作用

在园林工程中,水土保持既是一项具体的技术手段,也是整个景观设计理念的体现。水土保持不仅能保护园林景观的生态环境,还能增添景观的美感与观赏价值。下面从三个方面介绍水土保持在景观设计中的角色。

其一,水土保持在景观设计中起到了保护环境的作用。在现代化城市建设中,园林景观已成为居民休闲娱乐和社交活动的重要场所。然而,如果缺乏水土保持措施,这些景观常常会面临水土流失、滑坡、泥石流等自然灾害的风险。因此,在景观设计过程中,必须考虑到人工干预对环境的影响,并采取相应的水土保持措施。例如,在山地景观设计中应考虑到植被的选择、护坡和沟渠的设置,以减少水土流失的可能性,保证景观的稳定性和持久性。

其二,水土保持能够提升园林景观的观赏价值。景观设计师可以巧妙地将水土保持技术融入景观设计中,使其成为景观的一部分。例如,在设计过程中可以布置溪流、瀑布、湖泊等水域景观,在水景中设置适当的水生植物,形成自然的水生态系统。这样不仅能够增加景观的美感,还能吸引人们的注意,增加游览的乐趣。同时,通过合理规划,减少开挖、填土等人为工程,保护现有的自然地形和土壤,景观更加自然、原始。

其三,水土保持在景观设计中有助于提升生态环境的质量。园林景观不仅是人们活动和休憩的场所,更是城市中的生态岛屿。合理的水土保持设计可以增加植被覆盖率,改善空气质量,减少噪声污染,并提供生态系统的服务功能。例如,在城市景观设计中,可以设置雨水花园、绿地等生态岛屿,通过植被的生长吸收空气中的有害物质,净化环境。这不仅有助于保护自然生态系统,还可以为人们提供一个舒适、健康的生活环境。

(三)景观设计与水土保持的协调发展

1.水土保持考虑因素在景观设计中的融入

在进行园林景观设计时,应该充分考虑水土保持的因素,如地形地貌、土壤类型、降水情况等。这些因素直接影响景观设计的可行性及后期的水土保持效果。因此,设计人员应该在选址和布局时,综合考虑这些因素,并采取相应的措施进行防治。例如,在山坡地等易发生水土流失的区域,设置雨水花园、水槽、绿化带等来减少水土流失的风险。

2.景观设计与水土保持技术的融合应用

在景观设计中,可以利用水土保持技术来强化景观效果,并增强景观设计的持久性。例如,利用植物选择和配置的技术,选择抗风蚀、抗暴雨冲刷、抗土壤侵蚀能力强的植物,进行景观绿化,这不仅可以增加景观的美观性,还可以起到保护土壤、抑制水土流失的作用。此外,合理布置地形、设置雨水收集和利用设施等手段,可以减少雨水径流对土壤的侵蚀,实现景观设计与水土保持的双赢。

3.景观设计与水土保持的协同推进

在水土保持工作中,应该与景观设计进行密切,共同推进水土保持与景观设计的协调发展。例如,在水土保持规划和实施过程中,应邀请景观设计专家参与,请他们提供专业的意见和建议,确保水土保持与景观设计的融合和协调。同时,景观设计师也应该关注水土保持的成效,对景观设计作品进行监测和评估,及时发现问题,调整设计策略,不断优化水土保持的效果。

通过水土保持因素的融入、技术的应用和协同推进,可以实现水土保持与景观设计的有效结合,保护生态环境,创造出具有长久美观效果的园林景观。这有利于促进园林工程的可持续发展,也可以为未来的园林规划与设计工作提供有益的参考。

三、水土保持在园林工程中的效益

(一)提高土壤质量

园林地区常常面临土壤质地瘠薄、植被生长困难等问题,而水土保持技术通过一系列措施能够改善土壤的肥力和结构。

水土保持技术中的覆盖措施能够有效保持土壤中的养分。通过铺设覆盖物,如护坡网和草坪,可以避免土壤被雨水冲刷,减少养分流失。覆盖物还能够降低土壤的温度,使得根系更加舒适地生长,进而土壤的肥力,促进植被的生长。

水土保持技术中的水分管理措施也对土壤质量的提高起到积极作用。合理的排水系统和灌溉系统能够调节土壤中的水分含量,确保植物根系处于适宜的水分环境中。这不仅能够防止土壤过湿或者过干,还能够促进土壤中微生物的活动,进而改善土壤的透气性和增强其水分保持能力。适宜的水分管理还能够避免土壤中盐分的积累,使土壤的盐碱度保持在合理范围内。

水土保持技术中的绿化措施也能够有效提高土壤质量。例如,选用耐旱和抗逆性强的植物,土壤中的有机质得到增加,改善土壤的结构。植物根系的发达能够增强土壤的稳定性,降低土壤被侵蚀的风险。树木的落叶也能够被分解为有机质,进一步改善土壤质量。

(二)维护水资源

在园林设计和建设过程中,水土保持技术的应用能够有效地维护水资源的稳定性和可持续性。采取合理的水土保持措施,可以降低水资源的消耗和浪费,保持水环境的健康。

水土保持可以减少水的流失和渗漏。园林工程中的土壤表面通常需要覆盖保护层,如草皮或植被,以防止雨水的直接冲刷和渗透。通过合理的排水系统设计和施工,可以减少地表径流和土壤水分的流失,从而为植物提供足够的水源。

水土保持技术能够改善土壤的保水能力。改良和改造土壤,能够可以增加土壤孔隙和有机质含量,提高土壤的保水性能。这样一来,即使在旱季,土壤也能够有效地保持水分,为园林植物提供持续的生长水源。

水土保持可以避免土壤侵蚀和河流的淤积。在园林工程中,如果没有适当的水土保持措施,如梯田、沟渠等,陡坡地区和水源区土壤容易因为暴雨等自然灾害而发生侵蚀,导致水资源的浪费和水环境的破坏。因此,采取适当的水土保持措施,可以有效地降低土壤侵蚀和河流淤积的风险,保护水环境的稳定。

(三)提高生物多样性

生物多样性是指一个区域或生态系统中不同物种的多样性和数量。园林工程中的水土保持技术不仅打造了适宜的生境环境,还能够为各种植物和动物提供良好的生存条件。

水土保持措施能够改善土壤质量,提供有利于植物生长的土壤条件。合理的水土保持技术可以防止水土流失和土壤侵蚀,保持土壤的肥力和结构稳定性,为植物提供充足的养分和水分,从而为各类植物提供适宜的生长环境。这种土壤改良的措施为各种植物提供了生长的机会,增加了植物的多样性。

水土保持在园林工程中的应用也为野生动物提供了适宜的栖息地,促进它们的繁衍和生长。水土保持技术在园林景观设计中考虑到了不同动植物对栖息环境的需求,并提供了合适的生境条件。通过设立栖息地、搭建巢穴和提供适宜的饮水和觅食场所等措施,园林工程为野生动物提供了合适的栖息环境,促进了野生动物的繁衍,提高了野生动物的多样性。

水土保持还能够增加园林工程中的植被覆盖率,形成独特的生态系统。通过合理选择和安排植物种植的密度,可以形成丰富多样的植物群落,吸引不同的生物入驻。不同种类的植物吸引了不同的昆虫和鸟类等小型动物,形成复杂的食物链和生物圈。这样的生态系统不仅为园林景观增添了美感,还形成了一个覆盖面广、生物多样的生态环境。

(四)为园林景观增添美感

无论是在大规模园林工程中,还是在小型花园设计中,水土保持措施的实施都能够创造出独特而令人愉悦的景观效果。

水土保持技术在园林景观设计中发挥着重要的桥梁作用。通过合理设计雨水收集和排水系统,可以有效地控制土壤侵蚀和水资源浪费。例如,利用适宜的排水沟和植被带,可以引导雨水流向合适的位置,防止土壤流失和水流积聚。这样的设计不仅能够保护土壤,还能够创造出水流缓慢而宁静的景观效果,增添园林的雅致之美。

水土保持技术可以通过植被的选择和配置来增添园林景观的美感。通过选择适合当地气候条件的、具有装饰性和表现力的植物,可以创造出多样化的景观特色。合理安排植被的布局,如选择高矮错落的植物组合、合理进行树木修剪和花草疏密的搭配,能够打造出有层次感和立体感的景观,使园林景观更加丰富多样,给人以美的享受。

水土保持技术可以与其他园林材料相结合,共同创造出美丽的园林景观。例如,在园林石材的选择和摆放中,可以借鉴水土保持的原则,合理设置石障和石堤,以起到防止水流冲刷和土壤侵蚀的作用,同时这也能够提供独特的景观效果。与此同时,配合植被的选择和石材的配置,可以在园林景观中形成和谐统一的整体效果,使人们在欣赏园林时感受到一种宜人、自然的美感。

四、水土保持在园林工程中的应用案例分析

第一个案例是某市的园林景观改造工程。在这个项目中,为了保护景观区域内的土壤不被雨水冲刷,设计师采用了斜坡种植、排水系统和护坡结构等水土保持技术。通过精心设计和施工,成功减缓了土壤侵蚀的速度,保护了植被的生长环境,并且有效地减少了施工过程中的泥沙流失。这个案例充分展示了水土保持

技术在园林工程中的实际应用效果。

第二个案例是某大型公园的湖泊治理项目。在这个项目中,湖泊岸线存在严重的蚀沙问题,给公园的景观和生态环境带来了一定的风险。为了解决这个问题,工程师采用了湖泊护岸、水生植被种植和浮岛等水土保持措施。经过一段时间的运行和观察,发现水土保持措施在保护湖泊岸线免受风浪侵蚀方面取得了明显的效果,并且改善了湖泊的水质和生态环境。这个案例进一步验证了水土保持技术在园林工程中的重要作用。

第三个案例是某城市中心的市政园林项目。在这个项目中,为了解决城市树木的稳定性和生长条件问题,设计师采用了地下树穴和透水铺装等技术。通过地下树穴的设计,树木的根系得到了良好的生长空间,同时透水铺装的应用保证了雨水的自然渗透,有效降低了地表径流的压力。这个项目不仅提供了城市绿化,还通过水土保持技术的应用实现了水资源的合理利用。

通过对以上几个应用案例的分析,可以看出水土保持技术在园林工程中的效益十分显著。它不仅能够保护土壤、植被和水资源,还能够提升景观工程的可持续性和生态价值。然而,在实际的应用过程中,也面临着一些问题和挑战,如技术的选择和适应性、施工与维护成本等。因此,需要进一步研究和反复实践来解决这些问题,并为水土保持技术在园林工程中的应用提供更多的支持和指导。

五、水土保持在园林工程中的应用前景

随着城市化进程的加快和人们对生态环境的需求日益增强,园林工程对水土保持的要求也越来越高。因此,在园林工程中进一步推广和应用水土保持技术成为未来的发展趋势。

水土保持技术在园林工程中的应用前景主要体现在生态保护方面。园林工程在城市中扮演着重要的生态角色,绿地的种植和布局,起到了调节气候、减缓风速、净化空气、降低噪声等作用,营造了良好的生态环境。水土保持技术作为生态工程的重要组成部分,能够有效防止土壤侵蚀和水土流失,保护水源地的水质,维护生态系统的平衡。因此,在未来的园林工程中,水土保持技术的应用将更加广泛,以实现城市的生态保护和可持续发展。

水土保持技术的应用前景还体现在景观设计方面。合理的景观设计能够创造出美丽、宜人的园林环境。水土保持技术作为景观设计的保障措施,能够有效防止景观区域的土壤侵蚀和滑坡等问题的发生,确保景观的持久性和稳定性。在未来的园林工程中,水土保持技术将与景观设计紧密结合,通过科学的水土保持

方案,打造出更加生态、美观、实用的园林景观,满足人们对美好生活环境的需求。

随着科学技术的不断进步,水土保持技术也将不断创新和发展。新材料、新技术、新设备的应用将使水土保持技术更加高效、经济、环保。例如,可以应用植物和微生物等生物工程技术,加强土壤的保水能力和抗侵蚀能力;人工智能技术的运用也将提升水土保持技术在园林工程中的智能化和自动化程度,提高工程的施工和管理效率。

未来的园林工程将更加注重生态保护和景观设计,而水土保持技术将成为实现这些目标的重要手段。随着科技的不断进步和创新,水土保持技术在园林工程中的应用将不断完善。相信通过不懈努力,园林工程中的水土保持技术将发挥更大的作用,为人们创造出更加美丽、健康、可持续发展的生活环境。

第五章 水土保持方法与技术的创新发展

第一节 大数据技术在水土保持中的应用

一、大数据的技术基础

(一)数据挖掘技术

数据挖掘技术是一种从大量数据中提取知识和信息的技术,通过使用各种算法和模型来发现数据中隐藏的模式、关系和规律。数据挖掘技术的应用可以帮助解决诸如土壤侵蚀监测、洪涝灾害预警、水资源管理、生态恢复和环境治理等方面的问题。

在土壤侵蚀监测中,数据挖掘技术可以帮助分析土壤质量、土壤含水量、土壤流失情况等指标之间的关联性和影响因素,从而预测土壤侵蚀的趋势和程度。通过对大量土壤监测数据的挖掘,可以及时发现土壤侵蚀的危险地点,提醒相关人员采取相应的对策进行防控。

在洪涝灾害预警方面,数据挖掘技术可以通过分析历史洪涝灾害事件的数据,提取影响洪涝发生和发展的关键因素。基于这些因素,相关人员可以建立洪涝灾害的预警模型,实现对可能受灾区域的早期预警和准确预报,从而提高救灾工作的效率和准确性。

在水资源管理领域,数据挖掘技术可以帮助识别水资源供需关系、水资源利用效率等问题。通过对大量水文数据的挖掘和分析,可以提取水资源利用的规律和趋势,为水资源管理部门提供科学决策的依据,从而合理配置水资源,保障水资源的可持续利用。

在生态恢复和环境治理方面,数据挖掘技术可以通过分析生物多样性数据、环境监测数据等,挖掘生态系统的关键因素和规律。基于这些分析结果,相关人员可以制订针对性的生态恢复和环境治理方案,提高生态系统的稳定性和环境质量。

(二)云计算技术

云计算技术基于网络,通过将资源集中放置在数据中心进行管理和分配,实现了按需获取和利用计算资源。在大数据的背景下,云计算技术的应用更加突出其灵活性和高效性。

云计算技术能够提供强大的计算能力,满足大规模数据的处理需求。随着大数据的产生和积累,传统计算资源已无法满足大数据处理的需求。云计算技术采用分布式的方式进行分割和处理数据,并同时利用多台服务器进行计算,极大地提高了数据处理的效率和速度。这种分布式计算的方式使得大数据的分析和挖掘更加高效和准确。

云计算技术能够提供高可靠性的数据存储和管理。传统的数据存储方式往往存在着数据丢失、灾害影响等风险。云计算技术基于分布式存储系统,数据通过多个节点进行冗余存储,具有数据备份和容灾能力。即使单个节点出现故障,数据仍然可以从其他节点恢复,保证了数据的可靠性和持久性。云计算技术提供了灵活的数据访问方式,使得用户可以根据需求随时随地访问和管理存储在云端的数据。

云计算技术能够提供高性价比的计算资源。大数据处理往往需要大量的计算资源,而传统的计算设备需要大量的投资和维护成本。应用云计算技术,用户只需要按需租用云端的计算资源,无需购买和维护昂贵的硬件设备,极大地降低了计算成本。云计算技术还具有弹性扩展的特性,可以根据实际需求动态调整计算资源的规模,使得用户能够灵活地应对大数据处理的需求变化。

(三)分布式存储技术

分布式存储技术基于分布式计算的思想,将数据分散存储在多台计算机节点上,以提高数据存储的可靠性、可用性和扩展性。在大数据时代,分布式存储技术的应用变得尤为重要。

分布式存储技术允许大规模数据的并行存储和访问。传统的集中式存储系统存在容量不足、读写速度慢等问题,而分布式存储技术通过将数据分散存储在多个节点上,充分利用多台计算机的存储能力,实现并发读写操作,提高数据访问的效率。

分布式存储技术具有较高的可靠性。数据在多个节点上进行冗余存储,即便某一节点发生故障或数据丢失,其他节点仍然可以保留数据,从而确保了数据的持久性和可靠性。分布式存储技术还支持数据的备份和恢复操作,进一步提高了数据的安全性。

分布式存储技术具备良好的扩展性。当数据量增加或业务需求变化时,分布式存储系统可以方便地进行扩展。只需要增加新的存储节点,系统就可以自动地将数据分散存储在新的节点上,并调整数据的分布,从而实现系统的良好性能和可扩展性。

分布式存储技术还实现了数据的高可用性。因为数据存储在多个节点上,当某一节点不可用时,系统可以通过其他节点提供的备份数据继续提供数据访问服务,避免了单点故障的问题,确保了数据的连续性与可用性。

分布式存储技术通过并发存储和并行访问的方式,提高数据存储和访问的效率;通过数据的冗余存储和备份恢复机制,保证数据的可靠性和安全性;通过扩展性和高可用性的特点,满足了大规模数据处理的需求。因此,在土壤侵蚀监测、洪涝灾害预警、水资源管理、生态恢复和环境治理等领域的大数据应用中,分布式存储技术扮演重要的角色。

(四)数据分析技术

数据分析技术通过对海量数据进行整理、清洗、加工和挖掘,从中挖掘有价值的信息和模式,为决策和预测提供依据。在土壤侵蚀监测、洪涝灾害预警、水资源管理、生态恢复和环境治理等领域,数据分析技术的应用已经取得了显著的成果。

在土壤侵蚀监测中应用数据分析技术能够实现对土壤侵蚀情况的全面监测和评估。运用数据分析技术处理和分析收集的大量土壤质量、降雨、地形等相关数据,可以得出土壤侵蚀的时空分布规律,进而指导土壤保护和治理工作。

在洪涝灾害预警中应用数据分析技术能够提前对洪涝灾害的发生进行预警和预测。收集历史洪涝数据、降雨数据、水文数据等,通过数据分析技术加以分析,预测洪涝灾害发生的概率和强度,可以及时预警可能发生的洪涝灾害,帮助相关部门做好防范和救援工作。

在水资源管理中应用数据分析技术能够实现水资源的合理调配和利用。通过采集和分析水量、水质、水生态等数据,可以找出浪费和滥用水资源的问题,同时也可以根据数据得出科学的水资源开发方案,提高水资源的利用效率,保护水环境。

在生态恢复和环境治理中应用数据分析技术能够帮助科研人员更好地了解

和分析生态系统的变化。收集生物多样性数据、环境污染数据等,并运用数据分析技术对其进行处理和分析,可以评估生态系统的健康状况,为生态恢复和环境治理提供科学依据。

二、大数据技术在土壤侵蚀监测中的应用

(一)侵蚀监测数据采集

为了有效监测土壤侵蚀情况并及时采取相应措施进行治理,需要发挥大数据技术在土壤侵蚀监测中的重要作用。在侵蚀监测数据采集阶段,使用各种传感器和监测设备进行数据的采集和记录。

通过空间遥感技术获取大范围的土壤侵蚀信息。利用卫星遥感技术、航空摄影测量技术及无人机等技术,可以对土地表面进行高分辨率的影像监测。这些影像数据可以提供土地覆盖类型、土壤侵蚀强度等信息,为侵蚀监测提供基础数据。

结合地面监测网络进行实时数据采集。大规模铺设的土壤侵蚀监测网能够实时采集土壤侵蚀的关键指标数据,如土壤含水量、土壤流失率等。这些数据可以通过远程监测设备和无线传感器网络进行实时传输与记录,确保数据的准确性和及时性。

利用移动设备和智能手机进行数据采集。随着移动设备和智能手机的普及,人们可以方便地利用手机应用程序采集土壤侵蚀数据。通过手机的全球定位系统功能和传感器,可以获取地理位置信息及土壤温度、湿度等数据。同时,利用移动设备的摄像头可以拍摄现场照片,帮助确认监测点位和土壤侵蚀迹象。

借助众包技术进行大规模数据采集。众包是指通过互联网平台将大量的个体和群体进行组织和协调,共同参与数据采集和处理。在土壤侵蚀监测中,可以利用众包的方式,邀请广大民众参与数据的采集,如通过发布任务让志愿者上传土壤侵蚀照片和相关信息。这种方式可以提高数据采集的效率和扩大其范围。

(二)数据处理与分析

大数据技术的应用使得大规模的土壤侵蚀数据能够被高效地处理和分析,从而得到实时、准确的监测结果和分析报告。

在数据处理方面,首先需要对采集到的土壤侵蚀数据进行清洗和筛选,以确保数据的准确性和完整性。清洗过程包括去除异常值、填补缺失值等,以消除数

据中的噪声和偏差。筛选步骤则是根据需求,选择与研究对象相关的数据,并去除与研究无关的信息。这些数据预处理措施有助于提高数据的质量和可靠性。

数据处理阶段涉及对土壤侵蚀数据的整合和标准化。不同监测点的数据往往具有不同的格式和单位,通过将数据转化为统一的格式并统一量纲,可以确保数据在接下来的分析过程中具有可比性。此外,还可以利用大数据技术实现对数据的压缩和编码,以节约存储空间和提升数据处理的效率。

一旦数据被处理好并标准化后,就要进行数据分析了。常见的数据分析方法包括统计分析、数据挖掘及机器学习等。统计分析可以用于描述和总结土壤侵蚀数据的基本特征,如平均值、方差、相关性等。数据挖掘技术则能够揭示土壤侵蚀数据之间的潜在关联和规律,从而为深入研究提供重要线索。机器学习方法可以根据历史数据构建预测模型,通过学习和适应数据的模式,实现对未来土壤侵蚀程度的预测和评估。

在实际应用中,可以利用大数据平台和相关工具来支持土壤侵蚀数据的处理和分析。例如,Hadoop 和 Spark 等大数据框架提供了分布式计算和存储能力,可以高效地处理大规模的土壤侵蚀数据。同时,数据可视化工具可以将数据处理和分析结果以图表形式展示,使得研究人员和决策者能够直观地理解和利用这些数据。

(三)预测模型构建

利用大数据技术,可以更加准确地预测土壤侵蚀的发生和发展趋势,为土壤侵蚀的防治提供科学依据。

在预测模型构建的过程中,要选择合适的预测模型。在土壤侵蚀监测中,常用的预测模型包括统计模型、机器学习模型等。统计模型可以通过建立数学公式描述土壤侵蚀与各种因素之间的关系,如线性回归模型、逻辑回归模型等。机器学习模型则可以通过训练数据来学习土壤侵蚀的规律和模式,如决策树模型、支持向量机模型等。根据实际情况和预测精度要求,可以选择适合的预测模型。

再次,需要进行特征选择和特征工程。特征选择是指从大量的输入变量中选择对预测结果有重要影响的变量,以降低模型的复杂度和提高预测精度。特征工程则是对原始数据进行转换和组合,提取更有用的特征,以增强模型的表达能力。通过特征选择和特征工程,可以有效提升预测模型的性能。

最后,在模型构建完成后,需要对模型进行评估和优化。评估模型的性能可以使用各种指标,如准确率、召回率、F1 值等。通过对模型的评估,可以发现模型的不足之处,进而加以优化和改进。优化模型可以通过调整模型的参数、增加样本数量、改进特征工程等方法来实现,以提高模型的预测精度和稳定性。

三、大数据技术在洪涝灾害预警中的应用

(一)洪涝灾害数据采集

洪涝灾害是一种常见且严重的自然灾害,对人们的生命和财产造成了巨大的危害。为了提前预警和及时应对洪涝灾害,需要有效采集数据。大数据技术在洪涝灾害数据采集中发挥了重要的作用。

数据传感器的使用可以实现对洪涝灾害相关数据的实时监测。传感器可以安装在河流、水库、排水系统等关键地点,通过感知水位、降雨量、雨水径流等指标,精确地采集数据。这些数据可以实时传输到数据中心,供后续的数据处理和分析使用。

遥感技术被广泛应用于洪涝灾害数据的采集中。应用遥感卫星、航空遥感和无人机等技术手段可以获取大范围的地表情况。通过对遥感图像的解译和分析,可以获得水域分布、洪水淹没范围、土壤湿度等重要信息。这些数据可以为洪涝灾害预警和防灾决策提供科学依据。

互联网和社交媒体的广泛应用给洪涝灾害数据的采集带来了新的机遇。人们可以通过互联网渠道发布和分享洪涝灾害的实时观测结果和体验感受,这些信息可以被整合和分析,形成更全面的洪涝灾害数据。同时,社交媒体上的热点话题和用户反馈也是重要参考,进一步补充和验证了洪涝灾害数据。

(二)数据处理与分析

洪涝灾害的预警需要大量的数据支持,如雨量、水位、水文站点等各种监测数据。然而,这些数据大多数时候是分散的、杂乱的,直接分析这些原始数据往往是困难且效率低的。

数据处理是洪涝灾害预警的前提和基础。在大数据技术的支持下,可以通过数据预处理、数据清洗、数据整合等手段对原始数据进行加工和整理,使其变得更加规范、标准和易于分析。数据预处理包括对数据的去噪、去除异常值、填充缺失值等操作,以提高数据的准确性和可靠性。

对于处理后的数据需要进行数据分析。数据分析是根据洪涝灾害的特点和

规律,通过统计学、数学模型等方法对数据进行挖掘和分析,以发现其中的关联性、趋势和异常情况。例如,可以通过时间序列的分析来识别洪涝灾害的周期性和季节性变化,从而更准确地预测潜在的洪水风险。

数据分析还可以进一步挖掘洪涝灾害与其他因素之间的关系,如与地理环境、土壤状况、人口密度等的关系。通过建立相应的数学模型,可以预测出潜在的洪涝灾害风险区域和影响范围,为灾害预警提供可靠的依据。

(三)预警模型构建

通过对大量采集到的洪涝灾害数据进行处理与分析,可以构建出高效准确的预警模型,为洪涝灾害的防范和预警提供有力支持。

在预警模型构建的过程中,需要考虑模型的适应性和稳定性。模型的适应性是指模型能够适应不同洪涝灾害情境和地理环境的变化,并能够根据实时数据进行调整和优化。模型的稳定性则是指模型能够在不同时间和空间范围内保持较高的预测精度和稳定性。为了实现模型的适应性和稳定性,可以利用交叉验证、模型集成和参数优化等方法评估和改进模型。

(四)预警效果评估

通过对预警效果的评估,可以客观地评估预警系统的准确性和可靠性,为改进和优化预警模型提供参考。

评估预警效果的主要指标包括准确率、召回率、精确度和 F1 值等。准确率是指预警系统正确预警的比例,也就是准确地预警了真正的洪涝灾害的比例。召回率是指预警系统成功预警的比例,也就是预警成功地识别了全部的洪涝灾害。精确度则是指预警系统预警判断的准确性,即预警结果中正确预警的比例。F1 值是综合考虑了准确率和召回率的一个评价指标,可以更全面地评估预警系统的效果。

可以通过与实际洪涝灾害数据进行对比来评估预警效果。首先,需要准备一批有标注的洪涝灾害数据作为评估的标准。这些数据可以来自实地观测、卫星遥感、监测设备等来源。其次,将预警系统预测的洪涝灾害结果与实际数据进行比对,计算出各项评估指标的数值。通过多次评估和统计,可以得出预警系统的整体效果和稳定性。

除了定量指标,预警效果的评估还可以考虑一些定性的因素,如预警系统的响应时间、预警信息的及时性和准确性等。这些因素对于支持决策和应急响应都起到重要的作用。通过综合评估各项指标和考虑定性因素,可以更全面地评估洪涝灾害预警系统的效果。

预警效果评估不仅是对预警系统技术的一种检验,更是对预警系统在实际应用中的价值验证。通过评估预警效果,可以及时发现和解决预警系统存在的问题,提高预警的准确性和可靠性,为洪涝灾害的防范和减灾工作提供有力支撑。

四、大数据技术在水资源管理、生态恢复和环境治理中的应用

(一)水资源管理的数据采集与分析

水资源是人类赖以生存和发展的基础,有效管理水资源有利于维护生态平衡、实现可持续发展。大数据技术在水资源管理中的应用,为人们提供了更准确、全面的数据支持,帮助人们更好地理解水资源的变化趋势,以及优化水资源的配置和利用方式。

通过传感器、监测站点等设备,可以实时获取水文数据、气象数据、地表水质数据等重要信息。这些数据的采集可以覆盖较大的地域范围,多个时空维度的观测数据可以提供更全面的水资源信息。例如,可以实时监测河流的水位、流速,了解河水的流动情况;同时还可以收集降雨量、蒸发量等气象数据,从而更好地预测水资源的供给情况。

需要对采集到的水资源数据进行分析和处理,以提取有用的信息和规律。在大数据技术的支持下,可以进行数据挖掘和分析,从海量数据中发现潜在的关联和趋势。例如,通过对不同地区水资源数据的对比分析,可以识别出存在水资源过度使用和浪费问题的地区,以及潜在的水资源短缺风险。这些分析结果有助于水资源管理者制定更科学、有效的管理措施,优化水资源的配置。

大数据技术还能帮助人们构建水资源管理的智能决策系统。通过应用数据模型和算法,可以预测水资源的供需情况,提前进行合理的水资源调度和管理。同时,利用大数据技术,还能够进行实时监测和预警。例如,当水资源浓度达到一定阈值时,系统能够自动发出预警信号,方便相关人员及时采取相应的措施。

(二)生态恢复的数据采集与分析

生态恢复是指通过一系列的措施和手段,修复、重建受损或退化的生态系统,

以实现生态功能的恢复和生物多样性的保护。在生态恢复的过程中,大数据技术得到了广泛应用并发挥了重要的作用。

生态恢复的数据采集是获取生态系统各种信息和指标的过程,包括环境参数、生态因子、物种分布及数量等。大数据技术能够帮助人们更加高效地进行数据采集。通过无人机、遥感、传感器等技术,可以获取大范围的空间信息,包括植被分布、土壤湿度、气象条件等。其次,通过物联网技术,可以实现对不同地点数据采集设备的实时监控,提高数据采集的实时性和准确性。最后,通过大数据分析算法,能够对采集到的大量数据进行处理和分析,以得到更加全面和准确的生态恢复状态评估结果。

在生态恢复中,数据采集与分析的目的是更好地了解生态系统的现状和变化趋势,以制订科学合理的生态恢复方案。根据采集到的数据,可以评估植被覆盖度、物种多样性指数、土壤水分含量等生态指标,进而分析生态系统的健康状况。同时,通过比较不同区域、不同时间段的数据,可以对生态系统的演变进行研究,发现潜在的问题和趋势。这些数据分析结果能够为生态恢复工作提供科学依据和决策参考。

(三)环境治理的数据采集与分析

环境治理是指对人类生活和生产中形成的各种污染物进行管理和治理的过程。随着大数据技术的不断发展和应用,环境治理工作也得到了极大的改善。

开展环境治理工作需要大量的数据来支撑决策和行动。通过采集环境污染源、空气质量、水质等方面的数据,可以深入了解环境污染的实际情况,为制订针对性的治理方案提供依据。例如,在城市环境治理中,可以通过监测大气颗粒物浓度、二氧化硫排放量等数据来确定空气污染的程度,从而采取相应的减排措施。

数据采集与分析可以促进环境监测和预警工作更加精准和及时。通过建立监测网络和布设传感器装置,可以实时获取环境数据,并利用大数据技术进行分析和处理。例如,在洪涝灾害预警中,可以通过采集降雨量、水位等数据来判断洪水发生的可能性,并提前采取防范和救援措施,减少人员伤亡和财产损失。

数据采集与分析也为环境治理的评估和效果监测提供了工具和手段。通过对环境治理前后的数据进行对比和分析,可以评估治理措施的实际效果,并对其进行调整和优化。例如,在水资源管理中,可以通过采集水质、水量等数据来监测河流和湖泊的健康状况,及时发现和解决问题。

传统的环境监测方法通常只能采集有限的数据,而应用大数据技术使人们可以获取了更全面的环境数据,并利用数据挖掘、机器学习等方法进行分析和预测。这不仅提高了治理决策的科学性和准确性,也提升了环境治理的效率和效果。

第二节　3S 技术在水土保持中的应用

一、3S 技术的定义与基本原理

(一)遥感定义与基本原理

遥感(Remote Sensing,RS)是一种无需接触地球表面物体,利用传感器接收和记录电磁能量并对其进行分析与解释的技术。使用遥感技术,人们可以获取地球表面的大量信息,包括地形、气候,以及植被覆盖和土地利用情况等。

遥感的基本原理是通过接收和记录从地球表面反射、辐射或散射出来的电磁能量来获取信息。这些电磁能量可以被不同波段的传感器捕获,如可见光、红外线、微波等。由于不同地物对电磁波的反射和吸收特性不同,所以可以通过分析这些电磁能量的变化来推断地表物体的属性和特征。

在遥感中,遥感图像是一种重要的数据来源。遥感图像是由传感器记录的电磁辐射数据转化的可视化的图像,它能够提供大量的地物和地表特征信息。这些图像可以被用于制图、监测和分析等。

(二)全球定位系统定义与基本原理

全球定位系统(Global Positioning System,GPS)是一种基于卫星导航的定位和定时技术。它由一组卫星、地面控制站和用户接收设备组成。全球定位系统使用卫星信号进行导航和测量,可实现全球范围内的位置确定和时间同步。其基本原理是接收多颗卫星发射的信号,并利用这些信号的时间差来计算用户的位置。

全球定位系统主要由空间组分、控制段和用户设备组成。空间组分是指一组由国外空军运营的卫星,它们按照特定的轨道分布在地球周围。控制段包括地面控制站,负责监控卫星的运行状态、校准卫星钟差、预测卫星位置等。用户设备则由接收机和处理器组成,能够接收卫星信号并计算用户的位置信息。

(三)地理信息系统定义与基本原理

地理信息系统(Geographic Information System,GIS)是一种集成了数据收集、存储、管理、分析和展示的信息技术系统。它通过将地理数据和非空间数据相互关联,实现对地理现象和空间关系的综合分析和决策支持。地理信息系统可以使用各种空间和非空间数据源,包括遥感影像、地理位置信息、地图数据、统计数据等,通过数据的可视化和空间分析进行问题识别、模型构建和决策制定。

在地理信息系统中,地理数据是核心的组成部分。地理数据包括位置、属性和拓扑关系等信息。地理信息系统不仅支持二维地理数据,还可以处理三维数据和多维数据。通过对地理数据进行分析和处理,地理信息系统可以帮助人们理解地理现象的特征和变化规律。

地理信息系统的基本原理包括数据获取、数据存储、数据管理、数据分析和数据可视化。数据获取是指通过各种手段获取地理数据,如地面调查、遥感影像获取、全球定位系统采集等。数据存储是指将获取的数据组织起来并保存在数据库中,以便后续进行管理和分析。数据管理涉及对数据的分类、索引、更新等操作,确保数据的一致性和完整性。数据分析包括空间分析、属性分析、拓扑分析等,通过运用各种分析方法来探索地理数据的内在关系和规律。数据可视化则是将分析结果以图表、地图等形式展示出来,帮助用户更好地理解和使用地理数据。

二、3S 技术在水土保持中的应用概述

(一)遥感在水土保持中的应用

应用遥感可以获取土地利用或覆盖变化信息,实现对水土流失情况的监测和评估。通过定期获取遥感图像,并结合地面调查数据,可以得到土地变化的时间序列数据,分析土地利用变化趋势及其对水土流失的影响。这有助于制定合理的水土保持措施,从而保护水资源,减少土壤侵蚀。

应用遥感可以识别土地表面的裸露程度和植被覆盖情况,为水土保持工程的规划和管理提供关键的信息。通过对遥感图像的分类和解译,可以获得植被指数、裸露指数等参数,这有助于评估土地的水土保持能力。应用遥感还能检测出植被覆盖脆弱区域,帮助决策者优化工程设计和资源配置,提高水土保持效果。

应用遥感可以利用热红外遥感数据获取土壤水分信息,为水土保持决策提供

科学依据。热红外遥感数据可反映地表温度和土壤湿度的空间变化,从而揭示土壤干湿程度。通过对热红外遥感数据的提取和分析,可以识别出潜在的水土流失风险区域,以及植被需求不同的区域,为精确制定相应的水土保持措施提供决策支持。

(二)全球定位系统在水土保持中的应用

全球定位系统可以用于土地调查和土地测量工作。通过在土地上放置全球定位系统接收器,可以准确测量土地的边界和面积,帮助措施制定水土保持措施。

全球定位系统可以用来进行地形分析。通过在不同位置同时采集全球定位系统数据,可以绘制高程图和地形分布图,了解地势和地形特征,为水土保持规划提供基础数据。

全球定位系统可以用来监测土壤侵蚀和植被变化。通过定期采集全球定位系统数据并与历史数据对比,可以判断土壤侵蚀的程度和植被的变化情况,以便及时采取相应措施。

全球定位系统可以用来管理农田和灌溉系统。通过在农田设立全球定位系统基站,可以实时监测土壤湿度和气象情况,为农民提供科学的灌溉方案,减少农田水土流失。

全球定位系统还可以用于水土保持工程的建设和维护。在工程建设过程中,通过全球定位系统定位可以精确布置工程设施,确定合适的位置和角度,提高工程的质量和效率。在工程维护方面,全球定位系统可以帮助监测工程的变形和位移情况,有助于工作人员及时发现问题并采取修复措施。

(三)地理信息系统在水土保持中的应用

在水土保持的规划阶段,地理信息系统可以帮助人们对地理空间数据进行收集和整理。通过获取卫星遥感图像、数字高程模型、土地利用数据等信息,可以构建一个完整的地理数据库。这些数据能够为水土保持规划提供详尽的地理信息,包括土地类型、坡度分布、水资源分布等重要信息,进而有助于制定出科学合理的水土保持措施。

在水土保持的监测和评估中,通过将实时获取的监测数据与地理数据库相连接,可以快速获取特定地区的土壤侵蚀情况、水资源利用情况等信息。地理信息系统还能够利用模型和算法对这些数据进行分析,预测水土保持措施的效果,为决策者提供科学依据。

在水土保持工程设计过程中,地理信息系统可以帮助人们绘制用地利用图、地貌图等,方便对地理信息的全面理解。在施工监督阶段,地理信息系统可以通过在地图上标记施工点位、巡检路线等方式,对施工进度和效果进行追踪和监测。

地理信息系统还能够为水土保持的管理和决策提供支持。通过地理信息系统的空间分析功能,可以对不同地区的水土资源进行综合评价,制定相应的保护策略。此外,地理信息系统还可以为水土保持决策提供可视化的工具和平台,使相关信息直观呈现,提高决策的准确性和效率。

三、3S 技术在水土保持中的应用详解

(一)遥感在监测土壤侵蚀中的应用

通过遥感,人们能够获取大范围、连续的土壤侵蚀信息,为水土保持工作提供科学依据。

遥感可以实现土壤侵蚀的定量化监测。传统的土壤侵蚀监测通常依赖人工采样和实地调查,工作量大、费时费力。遥感可以通过获取卫星图像和航空影像等数据,利用数字图像处理方法,快速、准确地提取土壤侵蚀指标信息,如植被覆盖度、坡度等,实现土壤侵蚀的定量化监测。

遥感可以提供土壤侵蚀的时空分布信息。通过遥感获取的数据,可以反映土壤侵蚀在不同时间和地点的分布情况。这为水土保持规划和管理提供了重要依据。通过分析土壤侵蚀的时空变化规律,可以确定侵蚀的热点区域和薄弱环节,有针对性地进行治理和制定防控措施。

遥感可以结合其他数据源,实现土壤侵蚀的多源信息融合。在监测土壤侵蚀过程中,除了遥感数据外,还需要结合其他数据源,如地形数据、土地利用数据等,进行综合分析。遥感可以与全球定位系统和地理信息系统等技术相结合,实现多源信息的融合,提高土壤侵蚀监测的准确性。

遥感还能为土壤侵蚀的长期监测和评估提供支持。通过长期的遥感监测,可以得到土壤侵蚀的变化趋势和演化规律,为制订长期水土保持规划和措施提供科学依据。此外,遥感还能与地理信息系统相结合,建立土壤侵蚀的空间数据库和模型,实现土壤侵蚀的动态监测和预测。

（二）全球定位系统在土壤侵蚀定位中的应用

在水土保持中，全球定位系统的应用不仅可以帮助人们精确获取地理信息，还可以实现土壤侵蚀的定位和监测。

全球定位系统能够提供高精度的地理坐标，使人们可以准确标示土壤侵蚀点的位置。通过全球定位系统定位，人们能够在地图上标注出具体的土壤侵蚀痕迹，如沟壑的位置、水流的路径等。这样，人们可以更好地了解土壤侵蚀的分布情况，进一步制定针对性的保护措施。

全球定位系统可以帮助人们实时监测土壤侵蚀的变化。通过在不同时间点对同一地点的全球定位系统定位，可以获取土壤侵蚀点的坐标变化，并由此推测出土壤侵蚀的程度和速度。这样的实时监测可以提醒人们及时采取应对措施，防止土壤侵蚀造成更严重的环境问题。

全球定位系统可以与其他技术相结合，提高土壤侵蚀的定位精度。例如，可以将全球定位系统与地形测量仪器结合使用，通过获取地形高程数据来进一步分析土壤侵蚀的影响范围和程度。另外，结合卫星图像遥感技术，可以利用全球定位系统定位信息进行土壤侵蚀面积的测算，从而更精确地评估土壤侵蚀的损失和破坏程度。

在使用全球定位系统时，需要考虑到信号遮挡、误差修正等因素对定位精度的影响。因此，在进行土壤侵蚀定位时，不仅要选择适合的全球定位系统设备和信号接收条件，还要进行数据校正和后续处理，以保证获取的数据准确可靠。

（三）地理信息系统在土壤侵蚀数据分析中的应用

在水土保持领域，地理信息系统被广泛应用于土壤侵蚀数据分析，为决策制定者提供了重要的支持。下面介绍地理信息系统在土壤侵蚀数据分析中的应用。

地理信息系统可以用于土壤侵蚀风险评估。通过地理信息系统，可以将土壤侵蚀的空间分布信息与其他因素进行分层分析，识别出潜在的土壤侵蚀风险区域。例如，结合地形因素、降雨量数据和土壤类型，地理信息系统可以生成土壤侵蚀风险评估图，为水土保持规划与设计提供科学依据。

传统的土壤侵蚀监测主要依靠人工采样和实地测量，费时费力且精度有限。利用地理信息系统，可以通过遥感影像获取土地利用、植被覆盖等信息，并结合地理位置、土壤质地等数据，实现大范围、高精度的土壤侵蚀监测。这不仅能够提高监测效率,还能够及时发现问题并采取措施应对潜在的土壤侵蚀问题。

在土壤侵蚀数据分析中,地理信息系统可以用于土壤侵蚀过程模拟和预测。通过将地理空间数据与土壤侵蚀模型结合,可以模拟不同条件下的土壤侵蚀过程,并预测未来的土壤侵蚀趋势。这有助于决策者制定合理的水土保持策略,减少土壤侵蚀的发生和降低其影响。

在土壤侵蚀数据分析中,地理信息系统还可以用于土壤侵蚀数据的可视化与分析。应用地理信息系统软件中的功能,可以对土壤侵蚀相关数据进行统计、空间分布分析和可视化展示。这有助于决策者更直观地了解土壤侵蚀的情况,为决策制定提供科学依据。

(四)3S 技术在水土保持规划与设计中的应用

3S 技术能够提供高精度的地理空间数据,为水土保持规划提供了数据基础。通过遥感获取的卫星影像可以反映地表的植被覆盖情况、地势起伏等重要信息,从而为规划提供可靠的数据支持。全球定位系统则能够提供位置信息,帮助确定规划区域的具体区域范围和边界。地理信息系统作为数据处理和分析工具,能够整合和分析多源数据,为规划和设计提供更科学、更准确的结果。

3S 技术在水土保持规划和设计中的应用可以提高工作效率。传统的水土保持规划与设计工作常常需要大量的现场勘测和数据整理工作,费时费力。通过3S 技术,可以对规划区域进行快速的遥感影像解译和地理信息提取,缩短工作周期。全球定位系统能够实现精确定位,让工作人员可以快速、准确地对规划区域进行定界和测量。地理信息系统的数据处理功能能够自动化处理和分析数据,为规划和设计提供更高效的支持。

3S 技术在水土保持规划与设计中的应用还可以提高预测和预警能力。应用遥感能够获取大范围的地表覆盖信息,它还能够对植被覆盖情况、土壤类型等进行分析,从而为规划人员预测规划区域未来的土壤侵蚀和水土流失情况提供支持。全球定位系统的时间和位置记录功能能够提供数据的时空变化信息,帮助规划人员进行预警和预测。地理信息系统能够建立空间数据库,实现对多种数据的整合和分析,为规划人员提供更全面、更可靠的预测信息。

第三节 无人机技术在水土保持中的应用

一、无人机的类型

(一)固定翼无人机

固定翼无人机是一种基于传统飞机设计原理的无人机类型,其采用固定的机翼和机身结构,具有像传统飞机一样的姿态稳定性和长航时能力。固定翼无人机通常由机翼、机身、推进系统和控制系统组成。

机翼负责产生升力,使无人机能够在空中飞行。相比于其他无人机类型,固定翼无人机的机翼通常较大,形状也更接近传统飞机的机翼。这种设计使得固定翼无人机能够在较高的速度下飞行,能够实现较远的航程和较长的飞行时间。

机身是固定翼无人机的主要承载结构,承担着安装各种传感器、电池和航空控制系统的功能。机身的结构设计直接影响着无人机的结构强度和重量。一般来说,固定翼无人机的机身设计较简单,通常采用轻质材料,如碳纤维复合材料,以提高飞行性能和耐久性。

推进系统是固定翼无人机的动力来源,其有助于无人机在空中飞行。常见的推进系统包括内燃机和电动机。在现代固定翼无人机中,电动推进系统越来越受到青睐,因为它们更环保、噪声较小并且容易维护。同时,电动推进系统还能够提供更好的飞行性能和飞行控制精度。

控制系统包括飞控、遥控器和姿态传感器等。飞控系统负责调整和控制无人机的姿态、飞行路径和航向。遥控器用于操作无人机,控制其起飞、降落、飞行和任务执行等。姿态传感器则用于感知无人机当前的姿态信息,以保持飞机的稳定性和安全性。

在实际应用中,固定翼无人机广泛应用于航空摄影、地理测绘、农业植保、货物运输等领域。由于固定翼无人机具有长航时能力和较大的有效载荷容量,其能够提供高质量的航空摄影图像和数据,为地理测绘和资源监测提供重要支持。同时,固定翼无人机还可以通过搭载各种传感器,如红外线传感器和高分辨率摄像头,进行农作物的监测和病虫害的预警。此外,固定翼无人机还被用于无人货运系统的开发和试验,可以实现快速、高效的货物运输。

（二）旋翼无人机

旋翼无人机是一种通过旋转翼片产生升力和推进力的无人机。与固定翼无人机相比，旋翼无人机具有垂直起降和悬停飞行的能力，因此在一些特定场景下有着独特的优势。

旋翼无人机的工作原理是通过电动机驱动旋转的翼片产生升力和推进力。它的飞行方式类似于直升机，具有垂直起降和悬停的能力。同时，旋翼无人机上还配备了各种传感器和相机，可以实现高精度的遥感数据采集和图像拍摄。

旋翼无人机在许多领域都有着广泛的应用。第一，在航拍和地质勘探方面，通过搭载高分辨率相机，旋翼无人机可以对地面进行高精度的拍摄和测绘，为地质勘探和地质灾害监测提供有力的支持。第二，在农业领域，通过搭载多光谱相机，旋翼无人机可以对农作物进行遥感监测，提供精确的农田信息，帮助农民提高农作物的种植管理水平，促进农业的高效发展。

最后，在水土保持监测中，通过搭载多种传感器，如地形雷达、红外相机等，旋翼无人机可以对山地地形进行三维测量，检测土壤的侵蚀情况，实时监测地表水的流向和流速，提供一种快速、高精度的水土保持监测方案。

（三）多旋翼无人机

多旋翼无人机是一种具有多个旋翼的无人机类型，通常包括四个、六个或八个旋翼。多旋翼无人机的构造使得其能够在空中保持稳定的悬停状态，并且具有较高的操控能力和机动性。多旋翼无人机的飞行原理是通过调整每个旋翼的转速和倾斜角度来实现悬停、升降、平移和转向。

在航拍摄影和电影制作等领域，由于多旋翼无人机能够稳定悬停并具有良好的机动性，摄影师可以利用它们高空俯瞰景色或进行特定角度的拍摄，从而获得独特的视角和画面效果。

在物流和运输领域，多旋翼无人机可以快速地将货物运送到目的地，节省人力和时间成本，提高物流效率。

农业领域可以利用多旋翼无人机进行农田的巡查和监测，及时发现病虫害等问题并采取相应的防治措施。多旋翼无人机还可以通过高分辨率的图像和数据采集，为农民提供农作物的生长情况和土壤的养分状况等信息，帮助其做出科学的农业管理决策。

在环境保护方面,多旋翼无人机可以进行大面积的植被覆盖检测,及时发现并监测森林火灾、草原退化及湖泊水质等问题。此外,多旋翼无人机可以携带各种传感器,实时采集环境污染物的数据,并提供准确的空气质量和水质监测结果。

(四)垂直起降无人机

垂直起降无人机是一种可以在垂直方向起飞和降落的无人机。相对于固定翼无人机、旋翼无人机和多旋翼无人机,垂直起降无人机具有独特的优势。

垂直起降无人机具备出色的灵活性和机动性能。由于可以在垂直方向起降,并且不受场地条件的限制,垂直起降无人机能够在狭小的空间中开展飞行任务。这对于一些复杂的环境,如城市密集区域、山区、森林等场景有着重要的意义。同时,垂直起降无人机还可以实现快速地起飞和降落,提高任务的响应速度和效率。

垂直起降无人机具有更长的续航时间和飞行距离。相对于旋翼无人机和多旋翼无人机,固定翼无人机的气动优势使得其在巡航状态下能够更有效地利用能量,从而实现更长时间的飞行。垂直起降无人机结合了固定翼无人机和其他无人机类型的优势,能够在需要时进行垂直起降,并在巡航状态下以更高的速度和较低的油耗执行任务。

垂直起降无人机还具备较强的载荷能力和适应性。通过垂直起降,无人机能够携带更大的载荷进行作业,如搭载传感器进行水土保持监测或者携带喷洒设备进行水土保持治理等。此外,垂直起降无人机的设计和控制系统也可以针对具体的任务需求进行改进和优化,以适应不同的应用场景和环境要求。

二、无人机的优势

(一)高效

无人机能够快速、准确地获取大量的数据信息,能够覆盖较大的地域范围,达到人工难以比拟的速度和效果。例如,在水土保持监测中,传统的人工监测需要徒步巡视,耗时耗力,并且很难对大面积的地域进行全面的监测。无人机则可以通过航拍和传感器检测手段,快速获取大范围的图像和数据信息,从而全面掌握地表变化情况。这种高效性不仅可以节约人力物力,还能降低监测的时间成本,提高监测工作的效率。

（二）灵活

无人机的设计多样化，可以根据不同的应用场景和需求进行定制，从而实现更灵活的操作。例如，对于水土保持监测工作，可以选择不同型号的无人机，如多旋翼无人机、固定翼无人机或垂直起降无人机，以适应不同地形、环境和任务。

无人机在飞行轨迹和高度上具备较大的灵活性。相比于传统的空中遥感技术，无人机可以自主飞行，在预先设定的航线上巡航，覆盖更广的区域。无人机还可以根据需要进行低空飞行，甚至进行悬停观测，从而获取更加详细和准确的数据。这种灵活性使得无人机在水土保持监测中能够更加全面、高效地获取相关信息。

再次，无人机还可以配备各种传感器和摄像设备，这进一步提高了其灵活性和适应性。例如，可以通过搭载红外相机、多光谱相机或激光雷达等设备实现对植被覆盖、土壤湿度、坡面形态等参数的实时监测和分析。这种实时数据获取和处理的能力，使得无人机在水土保持领域具备更高的灵活性和应用潜力。

最后，在使用无人机进行水土保持监测时，也要与精确性相平衡。因为水土保持工作的目标是保护和改善土壤和水资源，因此需要针对具体情况对无人机的飞行轨迹、观测参数和数据处理分析等方面进行合理的规划和设计。只有平衡好无人机灵活性和精确性，才能更好地发挥无人机在水土保持工作中的作用。

（三）安全

无人机的应用使得人员可以避免直接进入危险的地形或环境，降低了人员的伤害风险。在水土保持监测中，无人机可以到达一些地域复杂、危险或人无法到达的区域，通过无人机携带的传感器设备，进行高分辨率的图像采集和数据收集。这种远程监测方式不仅提高了数据的准确性和全面性，也降低了人员活动的危险性。

无人机的操作相对灵活，可以在不同的地形和环境中自由飞行，从而更好地满足特定的水土保持监测需求。例如，在山区地形中，无人机可以轻松飞越高山、悬崖和陡坡等地貌，收集难以获取的数据信息。在水域环境中，无人机可以在水面上空飞行，对湖泊、河流等水域进行监测，不受限于传统的水路巡查方式，能够提高监测的效率和精度。

再次,无人机技术的应用可以有效保护人员隐私和数据安全。传统的水土保持监测和治理往往需要人员进入居民区或私人土地进行实地勘测,可能导致居民的隐私泄露等问题。无人机技术可以通过远程和自动化方式收集数据,减少了人员对居民区的干扰,保护居民的隐私权。无人机的数据传输和存储方式也具备较高的安全性,可以采取加密和防护措施,保证数据的安全性和完整性。

无人机技术在水土保持监测和治理中的应用成本较低,能够节约人力、物力和时间成本。相对于传统的人工勘测和巡查方式,无人机可以快速、高效地完成任务,减少人力资源的投入。对于大规模的水土保持工程和区域监测需求,应用无人机可以提高工作效率,降低项目成本。

(四)经济

相较于传统的监测和治理手段,无人机技术在水土保持工作中具备显著的经济优势,其经济优势主要表现为以下几个方面。

1.大幅降低人力和物力的投入成本

传统的水土保持监测需要大量的人力资源,并且还需要进行耗时的手动勘测和数据收集。而使用无人机,可以实现自动化的监测和数据采集,节约人力成本。同时,无人机的使用无须大规模的设备和工具,降低了物力投入成本。这些成本的节约对于财政有限的水土保持部门来说具有重要的意义。

2.显著提高工作效率,从而进一步降低成本

过去,水土保持工作涉及大面积的监测和处理,耗时且烦琐。通过使用无人机,可以快速完成监测任务,节省大量的时间。此外,无人机可以覆盖更广泛的区域,比传统手段更加全面和精准。这样,水土保持部门可以在更短的时间内获得大量准确的数据,有针对性地进行治理工作,提高工作效率,降低维护成本。

3.带来显著的经济效益

通过无人机的应用,可以实现对治理工作的快速评估和监督。例如,无人机可以用于监测植被覆盖情况,评估植被恢复效果,为选择合适的治理方法提供参考。无人机高效、灵活和全面的特点有助于减少治理的时间和成本,提高水土保持治理的效果。这样一来,水土保持部门在保护水土资源的过程中,可以更加合理地分配资金和人力,充分发挥经济优势,获得更好的经济效益。

通过降低人力和物力的投入成本、提高工作效率和治理效果,无人机技术为水土保持部门实现经济可持续发展做出了重要贡献。未来,随着无人机技术的不断发展和普及,相信其在水土保持领域的经济优势将更大。

三、无人机技术在水土保持监测中的应用

(一)无人机技术在地貌特征监测中的应用

利用无人机对地貌特征的监测,可以帮助相关人员了解土地表面的变化情况,为水土保持提供重要的数据支持。

在地貌特征监测中,无人机可以通过高分辨率摄影技术获取地表的真实图像,从而精确地捕捉并记录地形的各种特征,包括河流、土壤侵蚀、地表覆盖等特征。通过无人机技术,相关人员可以获得高质量的地貌特征数据,辅助分析地表变化的趋势和模式。

无人机遥感技术可以用于地貌特征监测。无人机配备了高精度的遥感传感器,可以获取地表高程、坡度、坡向等数据。这些数据对于地貌特征的分析和评估非常重要。通过无人机遥感技术,有关部门可以实时监测地面的变化情况,及时掌握地表的特征,为水土保持工作提供决策支持。

无人机还可以进行三维地形建模,将地貌特征呈现在数字模型中。通过无人机技术,有关部门可以获取地表的精确三维数据,创建数字高程模型和三维地形图。这些模型和图像可以为水土保持规划和管理提供直观的参考,帮助分析地貌特征的空间分布和变化趋势。

(二)无人机技术在植被监测中的应用

无人机具备灵活性、高分辨率、低成本等优势,因此成为植被监测的理想工具。通过搭载遥感仪器和高分辨率相机,无人机能够收集大量的植被图像数据,捕捉细微的植被变化,并提供详细的植被分布和功能信息。

在无人机植被监测中,利用无人机获取的高分辨率图像,可以进行植被覆盖度、植被高度、叶面积指数等数据的提取和分析。通过不同波段的遥感图像处理,可以进一步研究植被的光谱特性,探索植被的类型、物种组成及生长状况。此外,结合全球定位系统和地理信息系统,还可以对植被灾害和退化区域进行快速准确的定位和监测。

无人机植被监测在水土保持中具有重要的应用价值。首先,通过对植被分布情况的监测,可以及时掌握植被的生态状况,为植被保护和恢复提供科学依据。其次,通过对植被的生长情况进行长期监测,可以预测植被生态系统的稳定性和抗干扰能力,为水土保持提供预警信息。最后,无人机植被监测还可以为植被资源管理和土地利用规划提供精确的数据支持。

(三)无人机技术在侵蚀过程监测中的应用

在水土保持领域,无人机技术的广泛应用使得对侵蚀过程的监测变得更加高效和精确。侵蚀过程监测是指通过无人机获取的数据,对土壤侵蚀过程进行分析和评估的过程。

无人机可以通过机载激光雷达或多光谱传感器获取地表的高程和纹理信息。通过对获取的地貌数据进行分析,人们可以了解土地的坡度、高差和微地貌特征等。这些信息对于侵蚀过程的监测至关重要。通过无人机获取的高分辨率地貌数据,有关部门可以及时发现潜在的侵蚀敏感区域,进而制定相应的防治措施。

无人机可以通过机载相机进行植被覆盖度和植被变化的监测。无人机可以飞越植被区域,通过高分辨率的影像数据,对植被的覆盖状况进行准确的测量和分析。这种精确的植被监测可以帮助有关部门评估土地的护坡和固土能力,并及时采取措施以防止侵蚀的发生和加剧。

无人机还可以配备热红外相机,用于监测土地表面的温度变化。侵蚀过程通常伴随着土壤的暴露和水分的流失,这些变化会导致土地表面的温度变化。通过对地表温度变化的监测,可以分析土壤水分的分布情况,进而评估侵蚀的程度和趋势。无人机技术的高时空分辨率使得有关部门能够更加准确地获取土壤温度数据,从而提高侵蚀过程监测的精度。

在获取了丰富的地貌、植被和温度数据之后,无人机还需要进行数据分析和处理。利用地理信息系统和遥感技术,有关部门可以对大量的数据进行分析和整合,进而生成侵蚀过程的动态模型。这些模型可以帮助有关部门预测侵蚀的趋势和规模,为水土保持决策提供科学依据,并指导侵蚀防治工作的开展。

四、无人机技术在水土保持治理中的应用

(一)无人机技术在地形调整中的应用

地形调整主要通过调整地势、平整地表、改变地貌等方式来优化土地的利用

效果和水土保持效果。无人机技术在地形调整中具有巨大的潜力和优势。

无人机的航拍能力使其可以对地形进行高精度的测量和数据获取。通过搭载高精度的遥感仪器，如激光雷达和多光谱相机，无人机可以获取地表的三维数据和高分辨率的影像图。这些数据和图像可以提供详细的地形信息，为地形调整的规划和设计提供有力支持。

无人机具备灵活性，可以在不同的地形条件下作业。传统的地形调整工作通常需要人工操作和大量的人力物力投入，而无人机可以通过自主飞行和遥控操作完成任务。它可以进入山区、峡谷等人员难以进入的地方，拥有全方位的覆盖和作业支持。

无人机搭载的喷洒系统和施工装置可以实现大面积的地形调整。无人机可以根据需求进行定点或定线的土地平整、填方、挖掘等操作，以改变地势和地貌。同时，无人机配备的灌溉和播种设备也可以完成植被恢复和生态修复工作，进一步提高治理效果。

无人机技术在地形调整方面也面临一些挑战。首先，面临稳定性和精准性问题。地形调整工作需要对地面进行精细的操作，这要求无人机保持稳定的飞行状态，并保证操作的精准度。其次，需要考虑无人机的能量和续航能力，长时间的飞行和作业需要充足的电力供应和高效的能量管理。

通过无人机的航拍能力及其灵活性和机动性特点，以及搭载的喷洒和施工装置，使其能够开展更高效、精准的地形调整工作。然而，进一步的研发和改进仍然是必要的，以提高无人机技术在地形调整中的应用水平，促进水土保持治理的可持续发展。

(二)无人机技术在植被恢复中的应用

无人机可以进行快速高效的种子播撒。传统的植被恢复工作通常需要大量的人力物力，而且操作速度较慢。但是无人机的出现改变了这一局面。利用搭载在无人机上的种子播撒设备，可以在短时间内对广阔的土地进行种子的播撒作业，提高播种效率。

无人机可以利用遥感技术进行植被监测和评估。在植被恢复过程中需要不断监测植物的生长情况，以及评估植被恢复效果。传统的监测和评估方法往往需要人工走访，费时费力。无人机搭载的遥感设备可以通过航拍图像捕捉到大范围植被的变化信息，并通过图像处理和分析生成高精度的植被监测结果。这不仅能提高监测效率，还能提供更准确、全面的数据支持。

无人机可以辅助进行植被覆盖面积的测量。植被覆盖面积是评估植被恢复效果的一个重要指标,传统的测量方法往往需要人们实地测量,工作量大且容易受到人为因素的影响。利用无人机搭载的测量设备,可以通过遥感技术实现对植被覆盖面积的快速测量和准确评估。这为植被恢复工作的科学管理和决策提供了可靠的数据支持。

无人机技术还可以辅助进行植被恢复工作的空中施肥。无人机可以搭载肥料喷洒装置,精确地在植被恢复区域进行施肥作业。采用空中施肥技术,可以减少肥料的浪费和过量施肥导致的环境污染,同时提高施肥的精准性和植被恢复的成功率。

无人机能够实现快速高效的种子播撒、遥感技术的监测和评估、植被覆盖面积的测量及空中施肥等,为植被恢复工作的实施和管理提供了强有力的支持。在今后的水土保持治理工作中,无人机技术的应用前景更加广阔,能够为有效保护和利用地球资源提供可持续发展的解决方案。

(三)无人机技术在工程措施中的应用

无人机技术的应用为工程措施的实施提供了新的途径和手段。在采取工程措施之前,需要对治理区域进行详细的勘测和分析,以便确定最合适的措施。

无人机可以通过高频率的航测和摄影测量,对治理区域进行精确测绘和建模。我们通过无人机可以获取大量高分辨率的遥感影像数据,可以有效地了解区域内的地形、植被分布、土壤质地等关键信息。这些数据的准确性和全面性对于确定工程措施至关重要。

基于无人机获取的数据,可以结合地理信息系统和遥感技术,进行空间分析和模拟。地理信息系统在地理信息系统平台上建立相关的地理数据库,依此对治理区域内的土地利用、水资源分布、风向流动等进行综合分析。在此基础上,可以进行水土保持的模拟和预测,有针对性地制订工程规划,并采取科学的措施。

无人机可以辅助进行工程施工监测和管理。在工程施工阶段,无人机配备的高精度定位和导航系统,可以实时获取施工现场的图像和视频数据。这些数据可以用于监测工程进度、质量和安全等方面,以便相关人员及时发现并解决问题,确保工程质量良好和进度顺利推进。

依据无人机获取的数据和监测结果,可以对工程措施的效果进行定量分析和评估。例如,可以通过监测植被覆盖率和土壤侵蚀情况的变化来评估工程的防护效果。这些数据的准确性和时效性将为后期工程的调整和改进提供保障。

借助无人机的高分辨率遥感数据获取、空间分析、施工监测和效果评估等手段,可以更加精确、高效地实施工程措施,以达到预期的水土保持效果。这将为水土保持工作的开展提供有力支持。

(四)无人机技术在效果评估中的应用

通过对治理措施实施后的效果进行定量和定性评估,可以客观地评价无人机技术在水土保持治理中的实际应用效果,为进一步改进治理措施提供科学依据。

在效果评估中,可以利用无人机进行影像数据的采集与处理。通过无人机航拍获取的高分辨率遥感影像数据,可以用于监测和测量治理区域的植被覆盖率、裸露土地面积、坡度和水土流失等指标。借助无人机的航拍技术,可以高效、精确地获取大范围的水土保持信息,为评估治理效果提供重要的数据支持。

在效果评估中,无人机通过配备的多种传感器,如多光谱传感器、红外热像仪等,收集植被生长状态、土壤湿度、地表温度等参数来评估治理效果。这些传感器可以收集大量的定量数据,有助于更全面地评估治理区域的生态环境变化和水土保持效果。

在效果评估中,采用无人机技术进行三维重建和地形分析,可以更直观地展示治理措施的实施效果,包括地表起伏变化、水流路径调整等。结合无人机获取的高分辨率影像数据,可以对治理措施的具体实施情况进行定量评估,为治理效果的可视化呈现提供支持。

基于无人机技术的大数据分析和人工智能算法的应用也能提高评估效果。将无人机采集的大量监测数据与已有的水土保持知识库相结合,进行深度学习和数据挖掘,能够更准确、更全面地评估治理效果。这种数据驱动的评估方法能够为决策者提供更科学的参考,帮助优化治理策略和提高治理效果。

参考文献

[1]吴发启,王健.水土保持规划学[M].2版.北京:中国林业出版社,2020.

[2]马维伟,李广.水土保持与荒漠化监测[M].北京:中国林业出版社,2022.

[3]王静,海春兴.水土保持技术史[M].北京:经济管理出版社,2020.

[4]孙晓玲,阳晓原,等.水土保持生态建设工程监理指南与范例[M].郑州:黄河水利出版社,2023.

[5]曹文华,屈创,张红丽.我国水土保持监测网络现状与构建研究[M].郑州:黄河水利出版社,2022.

[6]吴卿.水土保持弹性景观功能[M].郑州:黄河水利出版社,2020.

[7]李合海,郭小东,杨慧玲.水土保持与水资源保护[M].长春:吉林科学技术出版社,2021.

[8]周月杰,严尔梅,杨洪波.水土保持监测技术方法[M].沈阳:辽宁科学技术出版社,2022.

[9]杨洁.鄱阳湖流域水土保持研究与实践[M].北京:科学出版社,2020.

[10]林雪松,孙志强,付彦鹏.水利工程在水土保持技术中的应用[M].郑州:黄河水利出版社,2020.

[11]刘力奂.水土保持工程技术[M].郑州:黄河水利出版社,2020.

[12]王海燕,鲍玉海,贾国栋.水土保持功能价值评估研究[M].北京:中国水利水电出版社,2020.

[13]张胜利.水土保持工程学[M].2版.北京:科学出版社,2022.

[14]毕华兴,侯贵荣,等.黄土高原低效水土保持林改造[M].北京:科学出版社,2021.

参考文献